Collection « Les raisons de la colère »

DU MÊME AUTEUR

Cratères en feu, Arthaud, 1951.
Le Gouffre de la Pierre-Saint-Martin, Arthaud, 1952.
L'Eau et le feu, Arthaud, 1956.
Les Rendez-vous du diable, Hachette, 1959.
Volcans en éruption, Nestlé, 1960.
Les Volcans, Delpire, 1961.
Quand la terre tremble, Fayard, 1962, 1981, 1986.
Histoire de volcans, Livre de poche, 1964.
L'Etna et les volcanologues, Arthaud, 1973.
Les Volcans et la dérive des continents, PUF, 1973.
25 Ans sur les volcans du globe, (2 volumes) Nathan, 1975.
Niragongo ou le volcan interdit, Flammarion, 1975.
L'Odeur du soufre, Stock, 1975.
Jouer avec le feu, entretiens avec Jean Lacouture, Le Seuil, 1976.
La Soufrière et autres volcans – La volcanologie en danger, Flammarion, 1978.
Erebus, volcan antarctique, Arthaud, 1978.
Ouvrez donc les yeux – Conversations avec Claude Mossé sur quelques points brûlants d'actualité, Robert Laffont, 1980.
Ça sent le soufre, Nathan, 1981.
Sur l'Etna, Flammarion, 1984.
Prévoir les séismes, Hachette, 1989.
Le volcanisme et sa prévention, Masson, 1990.
Les Défis et la chance, vol. 1, *Ma vie*, 1991.
Les Défis et la chance, vol. 2, *Le Vagabond des volcans*, Stock, 1992.

HAROUN TAZIEFF

LA TERRE VA-T-ELLE CESSER DE TOURNER ?

Pollutions réelles, pollutions imaginaires

Essai sur les nuisances,
les unes graves à l'extrême, les autres fictives,
qui pèsent sur la nature et, de ce fait, sur l'homme.

Édition mise à jour en juillet 1992

SEGHERS

Couverture : photo J. Forest / Agence Top.

ISBN 2-232-10436-2

Chapitre premier

Des peurs de l'an 2000

La Terre va-t-elle cesser de tourner? Non. Astronomie et mécanique expliquent pourquoi elle ne le pourrait, en aucun cas. Mais certains « défenseurs de l'environnement », qui abusivement usent de l'alarmisme, arrivent à faire croire aux braves gens, responsables politiques inclus, qu'un événement, aussi grave et impossible que celui-là, serait à redouter. Pour peu alors qu'intérêts puissants et médias s'en mêlent, l'humanité est allègrement incitée à prendre des mesures pour se défendre contre tel ou tel risque imaginaire et à engloutir des budgets énormes pour s'en préserver. Ce que par contre l'homme est en train de massacrer est la biosphère, cette mince couche d'air, d'eau et de terre qui a permis et qui permet la vie. Lorsque l'homme aura détruit la vie, la Terre, imperturbable, continuera de tourner.

Il n'y a pas de réponse simple aux multiples questions posées par les modifications de la nature que les grands ouvrages de génie civil entraînent et par les diverses pollutions que la civilisation industrielle engendre. Mais il y a des réponses honnêtes et il y en a qui ne le sont pas. Il faut veiller à ce que ce ne soient pas ces dernières qui l'emportent : la survie de la biosphère en dépend.

Comme cela arrive souvent dans les affaires de société, deux attitudes extrêmes s'affrontent : celle des intégristes de l'écologie (cette dernière prise dans l'acception, désormais la plus répandue, de « défense de l'environnement » et non dans sa signification véritable, qui est « étude de l'habitat ») et celle des individus ou des groupes dont les intérêts, à court terme, agressent la nature. Par leur extrémisme même, l'une comme l'autre sont négatives, l'une comme l'autre sont nocives, l'une comme l'autre s'appuient sur des affirmations fausses. Fausses parfois par insuffisance d'information, parfois par manque d'honnêteté.

Ces attitudes sont d'un manichéisme quelque peu primaire. Pour les uns, industries et société de consommation condamnent l'humanité à une disparition imminente ou, au mieux, à une survie misérable, quel que soit le processus évoqué – syndrome chinois, destruction de la couche à ozone *, effet de serre, pollution des océans, des eaux douces, de la troposphère et des sols, empoisonnement chimique à l'échelle planétaire, que sais-je encore. Pour les autres, commerce et affaires mar-

* Couche *à* ozone : parce qu'il n'y a qu'un fifrelin de molécules d'ozone parmi les très abondantes molécules d'azote et d'oxygène qui composent l'air, et non un film continu qui envelopperait douillettement la planète.

chant de bien plaisante façon, tout va au contraire pour le mieux dans le meilleur des mondes, et les catastrophes avec lesquelles les écolos nous cassent les oreilles ne ressortissent qu'à leurs ignorances, leurs rêveries passéistes, leurs imaginations débridées.

Les extrémismes sont si éloignés de la réalité que jamais ils n'ont conduit à des politiques, à des décisions, à des actions bénéfiques, ni pour l'individu, ni pour la société. Au contraire. J'ai compris cela à mesure que passait ma jeunesse. Je fus jadis extrémiste, entre autres en ce qui concerne la défense d'une nature pour moi plus sacrée que ma vie. J'ai admis aujourd'hui que la solution des problèmes complexes posés aux hommes par leur propre société ne peut résulter que d'une prise en considération, la plus objective et la plus rationnelle possible, des arguments très divers qui s'affrontent. Ainsi, ceux de l'écologisme et ceux de l'économie, qui ont chacun leur logique, leurs vertus et leurs vices.

Le retour à un mode d'existence qui ne dépendrait ni de l'industrie ni des moyens de communication modernes relève d'une douce utopie : la vie primitive dans une nature idyllique tient du mythe, non de la réalité ; par ailleurs, les habitants de la planète ne se laisseront jamais convaincre de renoncer aux facilités et aux conforts innombrables que la société industrielle désormais leur assure et de revenir à un mode de vie, non polluant sans doute, mais dont l'archaïsme signifie inconfort certain et recrudescence tout aussi certaine des deux problèmes premiers : faim et maladies.

A l'opposé, développer toujours davantage l'industrialisation, détruire de plus en plus la forêt, polluer et repolluer l'air, l'eau et la terre, construire de grands barrages qui ne profitent qu'aux banquiers qui les financent, aux bétonneurs qui les édifient et aux politiciens prébendés qui les autorisent, détourner des fleuves, urbaniser de façon aberrante, « aménager » jusqu'à détruire ses équilibres la moyenne montagne d'abord, la haute montagne ensuite, bref agresser toujours davantage la nature qui nous a engendrés et sans laquelle nous ne pourrions survivre, sont les forfaits que commettent, par inconscience, par égoïsme ou par concupiscence, tant ceux qui polluent que ceux qui abîment, ceux qui détruisent que ceux qui permettent qu'on le fasse. Qui, paradoxe, détruisent parfois en construisant; par exemple certains « ouvrages d'art », qui certes rapportent à certains mais nuisent à tous les autres.

Rejeter la société industrielle est une solution infantile. Ne pas contrôler, sévèrement, les agressions innombrables et les innombrables agresseurs que cette société industrielle engendre est condamnable. Car ces agressions rendent la vie mal vivable, la rendront bientôt invivable. Il est donc urgent d'agir, et de façon efficace.

L'efficacité dépend de beaucoup de facteurs. L'un, d'importance majeure surtout en régime démocratique, est la coopération des parties intéressées. Or sont intéressées toutes les couches de la société, toutes les classes, toutes les corporations, tous les métiers, toutes les professions. Il faudrait parvenir à convaincre chacune de ces catégories que, par-delà les divers égocentrismes et les égoïsmes divers, leur intérêt commun réside dans une coopération où chaque partie impliquée fera les concessions nécessaires et agira en conséquence. Il est des objectifs plus aisés à atteindre...

Malgré les difficultés évidentes, d'ordre technique, d'ordre économique, d'ordre sociologique, d'ordre politique et surtout d'ordre psychologique, tous ceux qui connaissent la gravité et l'urgence extrêmes de la question devraient s'y atteler. Passage obligé : persuader les gens de cette gravité et de cette urgence en leur exposant le plus exactement, le plus clairement et le plus complètement possible toutes les données de ces très complexes problèmes, en leur expliquant les inconvénients comme les avantages des solutions que cette complexité même suppose, en leur faisant comprendre surtout qu'il ne peut y avoir de solution idéale, car les nuisances que telle ou telle activité humaine engendre s'accompagnent de bénéfices indiscutables.

Ainsi du DDT, qui a permis l'éradication de la malaria (le paludisme) et qui est d'un très grand secours dans la lutte que les agriculteurs doivent sans cesse conduire contre les insectes nuisibles. Mais le DDT, du ver de terre qui le consomme et le concentre en passant par toute une chaîne alimentaire, arriverait parfois jusqu'à rendre malade l'homme lui-même. Ainsi des engrais chimiques, qui augmentent les rendements de façon spectaculaire mais dont l'excès tue les poissons des lacs et des rivières et, plus grave encore, corrompt les nappes souterraines. Ainsi encore de certains barrages : celui d'Assouan, par exemple, régularise certes le débit du fleuve, permet de produire du courant électrique et de contrôler l'irrigation en aval, mais, inondant en amont des terres arables, il réduit le volume des récoltes, donc la quantité de nourriture que pourraient produire les fellahs de la vallée du Nil; ne délivrant plus en aval que des eaux décantées, il conduit d'autre part à l'appauvrissement des sols que ces eaux irriguent, accroissant ainsi la misère des populations qui dépendent de cette agriculture. Le phénomène touche aussi ceux qui, au large du delta, vivent de la pêche, car ces eaux appauvries ne peuvent plus, en mer, alimenter le plancton dont se nourrissent les poissons : pêche et agriculture sont déficitaires dans l'Égypte d'après 1970, depuis que sont retenus dans le lac de barrage tous les éléments fertilisants que le fleuve autrefois apportait... Aujourd'hui, l'on s'efforce de perpétrer un forfait similaire, mais plus grave encore, dans la vallée du Gange et du Bramapoutra. Plus grave à cause de la densité des populations impliquées, mais cette fois inexcusable car, au contraire d'Assouan dont la leçon est connue, l'on commettrait sciemment un forfait inexpiable.

Entre les extrémistes des deux bords qui, comme tous les extrémistes, sont moins nombreux qu'influents, se trouvent la plupart des citoyens, tant ceux qui s'inquiètent que ceux qui s'en moquent. Parmi ceux qui s'inquiètent – et ont raison de le faire –, certains s'efforcent de cerner la réalité des menaces. D'autres, soucieux à l'excès de sensibiliser l'opinion, exagèrent ces dernières et assombrissent comme à plaisir un tableau attristant. Ce faisant, ils affaiblissent la cause qui leur tient à cœur, même si des succès momentanés peuvent faire croire le contraire : gagner des batailles n'a jamais signifié gagner une guerre, l'Histoire le montre, de Hannibal à Hitler en passant par Napoléon. Et dans la guerre entreprise depuis un tiers de siècle pour sauver une nature agressée, guerre plutôt mal conduite jusqu'ici, il conviendrait d'élaborer une stratégie et de la mettre en œuvre de façon intelligente.

Ce serait plus efficace que de ferrailler de gauche et de droite sans plan établi et, surtout, sans hiérarchisation rationnelle des urgences ni définition des combats successifs à livrer. Or à quoi assiste-t-on aujourd'hui ? Plus d'efforts et d'argent sont consacrés à étudier l'effet de serre qu'à réduire les pollutions, une campagne colossale est montée contre les dioxines de Seveso, lesquelles n'ont jamais tué personne, alors que sont tolérés, que dis-je, sont favorisés, les Paris-Dakar et ces innombrables agressions contre la faune, contre ce qui reste de flore, contre le sol lui-même que sont, entre autres, safaris de chasse, motos-trials ou tourisme de masse pour alphabètes inéduqués...

Non seulement, du côté des écologistes, on se trompe trop souvent d'objectif mais on s'attaque parfois à des moulins à vent. Don Quichotte idéalistes, chevaliers au grand cœur ignorants d'un réel qui leur déplaît, redresseurs de torts parfois imaginaires, certains écolos foncent tête baissée aussitôt que, à raison souvent mais parfois à tort, on dénonce la société industrielle. Et il leur arrive de remporter des victoires. Victoires parfois aussi inutiles que la mise hors la loi du pyralène, beaucoup plus inoffensif qu'on ne le prétend, choisi arbitrairement parmi combien de produits continuellement utilisés et cependant plus redoutables, chlore, phosgène, phénol ou, tout simplement, essence, éther ou gaz de chauffage...

Cela tient du poncif, mais comment ne pas rapprocher, *mutatis mutandis*, les peurs de l'an mille de celles de l'an deux mille? Les menaces se multiplient à mesure que se multiplient les usines, les stocks de produits toxiques, le transport de matières dangereuses, leur utilisation et l'abus de leur emploi; à mesure que se multiplient aussi et s'étendent sans entrave ces énormes points toujours plus vulnérables que sont les villes et surtout les mégapoles, fleurs vénéneuses de la société du profit immédiat. Aujourd'hui, cette société enrichit les riches et appauvrit les pauvres beaucoup plus que lorsque cette formule, nullement éculée, avait été forgée.

Ces menaces sont perçues plus ou moins confusément par la population. Elles sont dénoncées, à juste titre, par les écologistes. A juste titre en général, mais parfois, hélas! à titre pas juste du tout, ce qui déconsidère dans l'opinion, l'opinion générale et celle des décideurs politiques, une catégorie particulière d'écolos et, avec eux, les écologistes honnêtes et sérieux. Ainsi, entre autres « moulins à vent », les dioxines sont accusées d'être aussi redoutables que des gaz de combat, les essais nucléaires souterrains de Mururoa de polluer le Pacifique et d'induire dans la population tahitienne des cancers innombrables.

Or ce sont des contrevérités. Les unes, cas des dioxines, sont proclamées par ignorance, les autres, cas de Mururoa, par mauvaise foi. Une mauvaise foi que n'excuse en rien l'objectif, justifié et digne de respect, de mettre un terme à l'accroissement de la quantité et de l'efficacité des armes nucléaires. La fin ne justifiant jamais les moyens, une organisation luttant pour un objectif aussi élevé ne peut se permettre d'utiliser des arguments aussi bas. Qu'elle laisse aux arrivistes cette façon d'arriver.

N'y aurait-il pas aussi, dans les exagérations qu'engendrent les atteintes à l'environnement, réelles ou imaginaires, un certain masochisme, un plaisir de se faire peur ? Se faire peur en effet plaît à l'homme, sauf lorsqu'il est vraiment équilibré. Sinon, comment expliquer le succès colossal de la littérature, du film, de la BD de terreur, de crime, d'angoisse, de sadisme ?...

Ces dénonciations parfois forcenées de risques réels, exagérés ou imaginaires, ces campagnes, justifiées ou non, que les moyens modernes de diffusion font comme jamais auparavant parvenir dans des centaines de millions de cervelles ont engendré des inquiétudes qui ne font que croître. Superstition, gourous et astrologie aidant, elles font naître ces « peurs de l'an deux mille » issues de l'imagination ou de l'exagération. Or, la simple exagération, en conduisant à consommer inutilement les énergies pour combattre des leurres, diminue d'autant les forces disponibles pour lutter contre les dangers réels. Que dire alors des cataclysmes fictifs ? « La Terre va-t-elle cesser de tourner ?... » Pas davantage le 31 décembre 1999 à minuit qu'à la même heure, le même jour, en 999.

Chapitre 2

De la priorité de ceci sur cela...

Pour nous défendre efficacement des innombrables agressions que notre civilisation commet contre la nature, il conviendrait en premier lieu de hiérarchiser les menaces. On pourrait ainsi ébaucher les grandes lignes d'une stratégie et, ensuite, proposer des tactiques rationnelles. Seulement, établir pareille hiérarchie n'est pas simple, ne serait-ce que parce que trop de facteurs doivent être pris en compte. Les uns sont relativement objectifs : magnitude du risque, probabilité de la catastrophe, degré d'imminence, périodicité. Les autres subjectifs : importance sociale, politique, économique du risque, impact des mesures de prévention éventuelles. Entre autres...

Ainsi, qu'est-ce qui est le plus nuisible : un tremblement de terre destructeur pouvant faire des centaines de milliers de victimes, la pollution de l'air par les moteurs d'automobiles, un grand barrage contraignant des dizaines de milliers d'agriculteurs à migrer vers des terres plus pauvres et déjà surpeuplées, l'implantation auprès d'une ville d'un complexe pétrochimique, la destruction de la forêt équatoriale, les marées noires, l'abus des engrais azotés, celui des pesticides, celui des phosphates, le stockage des déchets nucléaires, la pollution des eaux, la destruction de la couche à ozone, le syndrome chinois, l'effet de serre?...

A cette question, il n'est pas de réponse univoque. Et il ne peut y avoir de réponses que subjectives, car même les personnes les plus compétentes sont encore loin d'en savoir assez à propos de chacun de ces problèmes, trop nombreux et trop nouveaux, pour donner un avis qui ne soit, peu ou prou, discutable.

Difficile à élaborer, la classification par priorités ne satisfera jamais tout le monde. Elle ne satisfera même personne. Chacun en effet a sa propre façon de percevoir le risque, chacun a une vision personnelle de ce qui est plus ou moins acceptable et de ce qui ne l'est pas, chacun répond différemment à la brutalité spectaculaire d'une catastrophe ponctuelle ou aux effets à long terme d'un empoisonnement gradué et sournois qui s'étendrait sur des régions entières.

Je choque lorsque je qualifie d'incidents, extrêmement regrettables certes mais simples incidents néanmoins, les catastrophes telluriques. Parce qu'elles sont terribles mais que l'on peut s'en protéger, j'ai choisi de m'en occuper professionnellement depuis plus de quarante ans, et j'ai ainsi fini par y sensibiliser la population française. Laquelle, naguère, responsables politiques inclus, préférait ignorer la menace des éruptions, des séismes surtout, et même des inondations foudroyantes ou des glissements de terrain meurtriers. Aujourd'hui, j'en suis arrivé à appeler incidents ces désastres telluriques alors que je considère comme maladies mortelles, à échéance moyenne ou lointaine, ces agressions apparemment mineures que sont les pollutions. Ce n'est pas le plaisir du paradoxe qui me pousse à ces affirmations, c'est une longue expérience et une appréciation objective des réalités.

Je considère certains désastres comme ponctuels. Le cyclone de 1970 au Bangladesh, qui fit plus d'un million de victimes, ou le tremblement de terre de Tangshan, qui, en 1976, tua aussi près d'un million de personnes et en blessa vraisemblablement deux à trois fois plus, sont certes des catastrophes épouvantables, pareilles à la guerre, de surcroît foudroyantes comme une guerre nucléaire. Mais, pour affreuses qu'elles soient, les plaies qu'elles laissent finissent toujours par se cicatriser. Comme celles des guerres. Les derniers à en souffrir, à en conserver la douleur sont ceux qui y ont survécu. Mais deux générations après, une fois disparu le dernier de ces survivants, le plus affreux de ces drames n'est plus que de l'histoire.

Les destructions d'environnement par contre peuvent, à l'échelle humaine, être éternelles et peser à jamais sur des populations entières : c'est le cas des nappes d'eau souterraines ou des sols chimiquement ou radioactivement empoisonnés ; c'est le cas aussi des versants stérilisés par l'érosion qui les dénude jusqu'à leurs os de roc au terme d'un processus de dégradation entamé ici par l'incendie de forêts mal entretenues, là par des travaux inconsidérés conduits avec la myopie délibérée qui accompagne le souci des profits immédiats. « Après moi le déluge » : tacite devise de trop de promoteurs, de politiciens, d'hommes d'affaires, d'aménageurs de territoire, de jongleurs de capitaux...

Depuis près de quarante ans je tente de protéger la nature (je demeure quelque peu allergique au franglais « environnement » quoique, entraîné par ce que j'entends et ce que je lis, je finisse moi-même par trop l'utiliser); j'ai été jusqu'à faire le coup de poing pour sa défense (c'était à Plogoff, le 19 avril 1981 : un crochet, un K.O., restes d'une lointaine jeunesse de pugiliste). J'ai donc un long passé de militantisme. J'ai aussi acquis le savoir que m'ont donné l'Institut agronomique, l'École de géologie et un demi-siècle de terrain, comme j'ai acquis aussi l'expérience, de 1981 à 1986, de ce qu'est un gouvernement. Pour tout cela réuni, je me suis fait une idée de ce qu'il faudrait tenter pour éviter que « la Terre cesse de tourner ». Ou, plutôt, pour que notre fragile biosphère ne se dégrade pas de façon irréversible.

Bien sûr, la Terre ne s'arrêtera jamais de tourner. Mais ce genre de craintes métaphysiques (ou mythologiques), trop d'esprits non préparés les éprouvent et vont les éprouver de plus en plus à mesure que les gourous d'un bord, les alarmistes de l'autre, par ignorance ou par intérêt, pollueront les esprits plus encore que la société moderne ne pollue la nature. Ce genre de craintes se développera demain comme, jadis, le fit la vérole dans le bas clergé. Car les menaces réelles augmentent continûment, et la clameur médiatique qui les accompagne les amplifie jusque, parfois, dans les cervelles les plus saines. Alors, imaginez l'effet qu'ont, dans celles qui le sont moins, les exagérations et les inventions apocalyptiques...

Peu rationnelles, voire pas rationnelles du tout, ces peurs constituent une entrave à toute politique sérieuse de minimisation des risques. Les politiciens devraient en principe veiller à ce que soient convenablement assurées la sécurité des citoyens et la préservation du patrimoine naturel. Or très peu d'entre eux s'en inquiètent vraiment, ou seulement lorsque la conjoncture électorale les y incite. Et alors, ils ne s'en occupent guère qu'en paroles.

Chapitre 3

Du pouvoir des politiques, du pouvoir de l'argent, du pouvoir de l'opinion

Les politiciens ne sont d'ordinaire soucieux que de l'immédiat, ce qui se comprend vu l'avalanche quotidienne de problèmes qu'il leur faut résoudre en principe d'urgence. Les catastrophes appartenant à un futur indéterminé, par définition moins urgent que l'immédiat, le politicien en repousse le souci à plus tard : « Demain on rase ici pour rien. »

Pour avoir assumé, cinq années durant, la responsabilité de la mitigation des « risques majeurs » au sein du gouvernement de la France, je ne le sais que trop : toutes les sollicitations que j'avais formulées ont été éludées par ceux qui, disposant des indispensables finances, disposent de la réalité du pouvoir.

J'avais fait en ces temps-là diverses propositions : remplacer par une prévention efficace la lutte contre les incendies de forêt, lutte au coup par coup quasiment vaine mais suffisamment coûteuse pour créer des lobbies puissants ; installer sur le territoire de la France un réseau de stations VAN [1] permettant de prévoir les tremblements de terre; réduire les risques de cataclysmes industriels en embauchant, dans les directions régionales de l'industrie, de la recherche et de l'environnement (DRIRE), davantage d'ingénieurs-inspecteurs, etc.

On préféra nommer plus de « chargés de mission » et d'agents de police. Le ministre de l'Intérieur, qui dispose d'un plus gros budget que celui de l'Industrie ou que celui de l'Agriculture et des Forêts, possède de ce fait un pouvoir supérieur à celui de ces derniers, qui en possèdent eux-mêmes incomparablement plus que le sous-ministre de la Prévention des catastrophes. Quant au Premier ministre, il se garde, comme de coutume, d'arbitrer entre ces hauts personnages qu'en principe il dirige.

Cette attitude des politiques face aux risques majeurs est conditionnée également, il ne faut jamais l'oublier, par des soucis d'ordre électoral. La plupart des politiciens, quelle que soit leur situation dans la pyramide plus ou moins hiérarchisée des « serviteurs de la nation », pensent qu'il n'est guère électoralement payant d'investir argent, temps et réputation dans la prévention des catastrophes. Ce en quoi ils ont tort, mais ils refusent de le savoir.

1. VAN : initiales des trois physiciens grecs qui ont découvert le moyen d'utiliser un signal électrique naturel transmis par les courants telluriques pour déterminer la distance et la magnitude du séisme que ce signal annonce : professeurs Varotsos, Alexopoulos et Nomikos.

Du pouvoir des politiques...

D'un point de vue étroitement politicien, la prévention est moins populaire qu'un investissement, par exemple, immobilier : ses résultats ne peuvent guère apparaître – et encore – que lorsque la catastrophe s'est produite, c'est-à-dire dans un avenir que chacun espère éloigné. J'ai écrit « et encore » car, même après le drame, jamais n'est évidente la réduction des dégâts et des pertes de vies obtenue par une politique de prévention sérieuse, puisque l'on ignore quelle aurait été, sans cette prévention, l'étendue de ces pertes. Par conséquent, les politiciens moyens n'ont pas la moindre envie d'investir dans une telle politique.

Un homme politique digne de son mandat peut cependant faire accepter ce type d'action par ses électeurs, peut même le leur faire souhaiter, tout bonnement en leur expliquant, de façon claire, nette, intelligente, les avantages immenses, tant économiques et sociaux que simplement humains, d'une prévention bien conçue : comme pour la santé, prévenir vaut beaucoup mieux que guérir. Et coûte incomparablement moins cher.

Mais il faut pour cela que l'homme d'État en question soit bien informé, patient et politiquement courageux. Évidemment, cette espèce ne court pas les rues, pas plus chez les hommes politiques que dans aucune autre profession, corporation ou communauté : l'homme moyen se caractérise par le souci de sa sécurité plus que par son audace. Et, dans une société nantie comme la nôtre, ce souci de sécurité concerne avant tout la promotion sociale, la trop célèbre « carrière » : le courage physique est beaucoup plus fréquent que celui qui conduirait à compromettre peut-être son avancement. Voire à simplement s'exposer au qu'en-dira-t-on. Il serait souhaitable que l'on éduque les générations à venir de telle sorte qu'elles ne soient plus caractérisées par la pusillanimité. Car le courage, lui aussi, s'apprend par l'éducation.

Pour bien prévenir, et pour prévenir un nombre aussi élevé que possible des divers désastres qui nous menacent, le premier obstacle à surmonter est cette indifférence générale des politiciens pour la nature et ce qui la menace : responsables de la chose publique, ce sont eux qui disposent des fonds publics nécessaires. Or, même lorsque, pour des raisons électorales, leur discours se fait écologique, leur souci de l'environnement demeure des plus modestes. Jusqu'aujourd'hui du moins.

Le deuxième obstacle est le peu d'audace des fonctionnaires de l'Administration, qui ne s'aventurent pas volontiers dans des initiatives aussi incertaines, préférant attendre que le pouvoir politique les y invite : leur carrière sinon pourrait souffrir d'un certain ralentissement... En vérité, tels que je les connais, et je commence à quelque peu les connaître, il est peu probable que l'Administration et les ministres qui, en principe, la dirigent se résolvent, avant qu'une catastrophe d'envergure ne les y oblige, à mettre sur pied, à financer et à conduire sérieusement une stratégie de protection réelle de la nature. Et de la population.

On peut évidemment rêver, et imaginer un homme d'État digne de ce nom, c'est-à-dire capable de voir plus loin que la prochaine échéance électorale et que la sacro-sainte trajectoire de sa propre carrière. Peut-être alors prendrait-il conscience de la multiple menace et déciderait-il de combattre cette hydre contemporaine comme il conviendrait de le faire. Ce genre d'hommes, ce genre de femmes existent. Mais le fait même de posséder une éthique leur interdisant d'utiliser, pour arriver aux postes de décision réelle, certaines des méthodes habituelles leur laisse peu de chances de jamais occuper ces postes. Quant à ceux qui trop souvent les occupent, ce n'est pas trahir leurs promesses préélectorales qui les empêchera de dormir.

Les succès des écologistes aux élections de 1989 et de 1992 ne doivent pas faire croire qu'ils déclencheront une véritable politique de protection de la nature. Des paroles, certes, il y en aura, comme il y en a déjà eu tellement. Quelques règlements sans doute seront promulgués. Quelques lois même pourront être votées. Mais de ces textes, combien seront réellement appliqués ?

Dans tous les secteurs de la vie publique, l'expérience montre que ce n'est guère la loi qui règle vraiment le comportement de la société actuelle, mais plus souvent l'incivisme. Incivisme tantôt insignifiant, tantôt scandaleux, tantôt sournois, tantôt insolent : voyez le respect des impératifs de la circulation, tant routière qu'urbaine, qui fait de la France la championne du monde pour le nombre de tués et de blessés graves. Voyez la façon dont on résout, chez nous, la déplaisante question des déchets qu'ils soient ménagers ou industriels : par décharges sauvages (le pays de Descartes, de Lavoisier, de Pasteur, de

Cézanne, de Curie se donne, comme on dit aujourd'hui, une « bonne image de marque »...). Voyez aussi, à une autre échelle, comment sont respectées les lois qui régissent la fiscalité, celles qui sont censées moraliser les affaires, ou le financement des campagnes électorales, ou l'attribution des marchés publics; comment – et c'est ce qu'il y a de plus grave, plus grave que les pires scandales financiers et politiques –, comment sont respectés les textes censés rendre la Justice indépendante de l'État...

Alors, les décisions qui sont ou seront prises du bout des lèvres, sous la faible pression des élus verts et la forte pression de l'électoralisme habituel, seront probablement aussi respectées par les massacreurs de l'environnement que le sont les interdictions de stationner ou de placer en Suisse, sur comptes à numéros secrets, ses surplus d'argent plus ou moins honnête.

Vous me direz que tout ceci n'a pas grand-chose à voir avec la protection de la nature, avec les pollutions, avec la destruction des forêts, avec le massacre des sites. Vous aurez tort. Car c'est, avant tout, de politique qu'il s'agit : de la politique décidée dépend l'avenir de cette nature dont dépend notre survie, et dont trop de « décideurs » ainsi que trop de « faiseurs » se moquent. Obliger à élaborer une telle politique constitue un impératif premier. Elle consistera en une guerre d'envergure contre certains des très nombreux, très puissants et très égoïstes groupes de pression dont les intérêts à courte vue – ceux-là seuls qui leur importent – poussent à polluer, à détruire, à enlaidir.

Pour mener une telle guerre, il faut que les États, très concrètement, se mobilisent, ce qu'ils ne font guère jusqu'ici malgré les discours vertueux, plus électoraux que sincères. Or, pour mobiliser ceux qui nous gouvernent, hors l'argent, nerf non seulement de toutes les guerres mais aussi de toutes les politiques, l'on ne peut compter que sur l'opinion publique.

La puissance de l'opinion publique peut être en effet herculéenne. Mais il est à craindre que dans une société embourgeoisée comme l'est actuellement la nôtre, repue et de ce fait passablement égoïste, cette opinion ne sache devenir assez dynamique pour imposer les indispensables mesures d'intérêt général. Sauf si l'on réussit à effrayer suffisamment les gens pour que, s'unissant, le nombre de leurs voix mobilise les politiques.

Les écologistes s'y efforcent. Mais certains, pour atteindre des objectifs qu'ils pensent dignes de leurs efforts, exagèrent délibérément les risques réels, voire en inventent d'imaginaires. Je désapprouve une telle pratique, non seulement pour des raisons d'éthique – la fin, je le répète, ne justifiant jamais les moyens –, mais aussi d'efficacité, à longue échéance en tout cas. Ils réussissent certes à mobiliser l'opinion et même à obtenir certains résultats, comme ce fut le cas pour la prétendue pollution radioactive engendrée par les essais nucléaires souterrains, pour le nuage de Tchernobyl survolant la France ou pour les dioxines et le pyralène. Mais à terme ils se déconsidèrent et perdent de leur crédibilité pour des combats ultérieurs, dont l'importance cette fois sera réelle.

Les succès électoraux des écologistes m'enchantent en même temps qu'ils me navrent. M'enchantent parce qu'ils sont le meilleur témoin de l'efficacité de l'action qu'ils mènent depuis trente ans pour sauver ce qu'ils ont baptisé l'environnement, et parce que le poids qu'ils exercent électoralement sur les pouvoirs en place oblige ceux-ci à consentir enfin à envisager plus sérieusement qu'ils ne le faisaient ces questions de première importance.

Me navrent parce que ce genre de succès conduit, inéluctablement, vers les magouilles dont les partis, pour peu qu'ils ne soient pas minuscules, inévitablement, congénitalement, fourmillent. Me navrent parce qu'ils vont perdre en efficacité ce qu'ils vont gagner en taille : la toujours présente « loi de Parkinson ». Me navrent enfin parce qu'ils ont cédé à l'illusion – peut-être aussi à la vanité – qu'un parti vert pouvait imposer au pouvoir, quel qu'il soit, une véritable politique de respect de l'environnement.

Je l'ai dit à des écologistes sérieux, et je leur ai dit pourquoi je suis persuadé qu'un parti écologiste ne peut avoir de poids dans les décisions ministérielles : simplement parce que ses représentants éventuels dans un gouvernement, ne disposant que d'un budget minuscule, n'auront d'influence que minuscule. Je sais, d'expérience, de quoi je parle. En second lieu, un parti écologiste ne peut posséder la cohésion nécessaire à une survie suffisante, indispensable pour mener à bien un programme politique, quel qu'il soit. Les écologistes, en effet, n'ont guère en commun que leur souci de défendre la nature, de protéger notre cadre de vie. Hormis cela, et surtout en ce qui regarde les options majeures dont traite quotidiennement tout gouvernement – politique fiscale, politique économique, politique agricole, politique étrangère, politique de défense, politique industrielle, politique commerciale, sans parler de tout le reste –, ils sont d'opinions aussi diverses que l'est l'hémicycle de l'Assemblée nationale. Car l'amour de la nature que tous ces Verts partagent ne signifie en rien qu'ils s'accordent entre eux à propos des problèmes majeurs, problèmes d'ordre politique que tout gouvernement, donc tout parti véritable, doit s'efforcer de résoudre. Les tendances qui caractérisent chaque parti politique montrent la difficulté du consensus alors qu'en principe chacun a des idées proches de celles de son voisin. Pour un parti où n'existe qu'un seul et unique sujet d'accord, on peut imaginer la force des futurs courants et leurs divergences!

Je suis convaincu que les élus verts serviraient beaucoup mieux la cause de l'écologisme politique si, plutôt que de se rassembler en un parti inefficace, ils se présentaient comme candidats écologistes sur la liste des divers partis politiques et cela, pour chacun, selon ses propres idées, politiques précisément. Ce faisant, élus les uns dans des partis de gauche, les autres dans des partis de droite, ils pourront, de l'intérieur, pousser ces partis à s'occuper de la protection de l'environnement autrement qu'en phrases. Surtout lorsque ces partis exercent le pouvoir.

Au lieu de quoi ils sont l'objet d'un assez cocasse racolage exercé par ces divers partis et ne peuvent, en retour, en espérer quoi que ce soit. Non seulement parce que aucun parti n'est honnête – malheureusement la démocratie ne peut se passer de cette calamité indispensable que sont les partis, et la démocratie, pour décevante qu'elle soit, est « moins pire » que n'importe lequel des autres régimes –, mais aussi parce que se prêter au racolage ne peut jamais satisfaire quiconque possède quelque éthique. Or les écologistes sont, en principe, supposés en avoir...

Chapitre 4

Des très inefficaces « machins »

La guerre qu'il s'agit d'entreprendre pour sauver cette nature, sans laquelle vivre ne serait que misérablement survivre, est une entreprise politique d'envergure mondiale. Mais, paradoxalement, elle ne peut être menée à bien qu'au travers de programmes qui ne doivent surtout pas être mondiaux. Ni même nationaux : à ces échelles, en effet, toute politique est beaucoup trop ambitieuse pour être réalisable et, l'inefficacité bureaucratique croissant avec la taille des administrations, ces trop coûteuses tentatives sont condamnées à l'avance.

Les résultats décevants de toutes les campagnes effectuées jusqu'ici dans des domaines aussi importants que la paix, la faim, l'économie, la drogue, le développement du tiers monde ou la santé ne l'ont que trop démontré. Quels espoirs n'avions-nous pas mis (je dis « nous » parce que je faisais partie de ces candides), il y a plus d'un demi-siècle de cela, dans feu la Société des Nations ?... Laquelle n'a pu ni empêcher ni réduire les horreurs, ni mettre fin à aucun des conflits qui, de la guerre d'Éthiopie et de celle d'Espagne à la Seconde

Guerre mondiale, se sont succédé tout au long de son existence.

Et sa grande bringue d'héritière, l'Organisation des Nations unies, ne s'est pas montrée plus efficace : Viêtnam, Cambodge, Corée, Iran, Irak, Afghanistan, Liban, Balkans et tant d'autres massacres que les Nations unies, depuis quarante années, très dévotement condamnent et très coûteusement font mine de contrôler. Des discours, des résolutions, des condamnations, il y en a par bibliothèques entières, par milliers de kilomètres de bandes magnétiques. Des résultats...

Ces nations dites unies, sous l'incitation d'arrivistes bien placés, auxquels les Verts ont donné des idées prometteuses de crédits et de satisfactions de vanité, ont décidé une « décennie de l'environnement ». Il est permis de se demander si celle-ci sera autre chose qu'une nouvelle façon de gaspiller l'argent, lequel est toujours celui des payeurs d'impôts.

Les Nations unies, en effet, ne peuvent pas être efficaces simplement parce qu'elles sont, elles et leurs filiales, des organismes trop vastes, trop lourds, trop bureaucratiques. Cela seul suffirait déjà à les rendre inefficaces. Viennent s'ajouter le favoritisme, les médiocres politiques politiciennes, l'incompétence des uns, le parasitisme de fonction des autres... Et ce ne sont pas les rares succès dont elle peut se targuer – le sauvetage d'Abou-Simbel ou de Borobudur, par exemple – qui infirment cette affirmation, tellement est bas le rendement (rapport coût sur résultats) de ces rarissimes opérations réussies. Aucune entreprise bien gérée n'aurait pu survivre à une inefficacité financièrement aussi désastreuse.

Pierre de Senarclens, directeur de la Division des droits de l'homme et de la paix à l'Unesco, professeur de relations internationales à l'université de Lausanne et donc compétent en matière de Nations unies, a publié un réquisitoire : *La Crise des Nations unies* *. Je tire de son texte quelques phrases qui confirment ma perception de ces choses et traduisent l'impression que ressent quiconque approche assez ce géant, que son propre gigantisme rend débile :

« Les Nations unies s'épuisent en proclamant des objectifs utopiques, en alignant des programmes sans ressources, en égrenant des chapelets de résolutions dépourvues de forme, de substance, d'avenir. Leur apport à la solution des principaux problèmes économiques et sociaux du monde est quasiment nul. [...]

« Le personnel administratif est trop nombreux, notamment dans les postes les plus élevés, ses qualifications insuffisantes, ses méthodes de travail déficientes. Son recrutement est l'objet de pressions politiques. [...]

« La confusion, l'irréalisme et le verbalisme caractérisent la plupart des projets. »

« Les difficultés ou les crises de l'Unesco devraient provoquer un scandale d'autant plus grand qu'elle se définissait comme la “ conscience morale ” des Nations unies et que son destin était associé, dans l'esprit du grand public, à celui d'aspirations culturelles ou scientifiques élevées. [...]

---

* Éd. PUF, 1989.

« La faillite de l'Unesco illustre de manière caricaturale la dérive des Nations unies. [...]

« Les institutions du système des Nations unies évoluent dans un environnement peu structurant, conditionné par une ignorance et une indifférence à peu près totales des opinions publiques. »

Cette « faillite exemplaire » de l'Unesco, qu'il s'est trouvé dans l'obligation morale de dénoncer, je l'avais constatée moi-même au fil des années. De 1956 à 1986, j'ai en effet conduit plusieurs missions, volcanologiques ou géothermiques, pour l'Unesco – en Indonésie, en Italie, en Amérique latine, en Afrique –, et j'ai eu, de surcroît, l'occasion de côtoyer plus ou moins longtemps et parfois de fort près quelques-unes des autres organisations de l'ONU. Certaines n'étaient pas plus efficaces que l'Unesco. D'autres valaient mieux, mais l'ingénieur de terrain et de chantier que je suis s'étonnait – et s'étonne toujours – que des organismes, en principe puissants par les moyens et les pouvoirs dont ils disposent, aient un rendement tellement mauvais qu'il aurait condamné au dépôt de bilan n'importe quelle entreprise honnête, qu'elle œuvrât dans l'exploitation minière, les travaux publics ou l'agro-alimentaire, activités où j'avais quelque compétence.

Ces désillusions successives, et quasi personnelles car éprouvées dans l'exercice de ma profession, m'ouvrirent peu à peu sur les réalités des yeux jusque-là naïfs. Ces déceptions s'ajoutaient au désenchantement de plus en plus profond qu'engendrait la vanité de l'ONU, incapable de résoudre le moindre des problèmes politiques.

Pour cacher sa non-valeur sous le fard d'une prétendue souveraineté, ce gigantesque « machin » en est réduit à se parer du faste exorbitant de ses assemblées, de ses palais et de son autosatisfaction, claironnée au travers des médias du monde entier. Or, dès 1971, U Thant, arrivant au terme de son mandat de secrétaire général de l'ONU, reconnaissait que cette dernière accumulait les échecs plutôt que les succès.

Je pourrais poursuivre l'énumération des critiques cinglantes infligées par des hommes de qualité et fort bien placés pour juger de la chose. Mais je pense que la vingtaine de lignes de Pierre de Senarclens que je viens de citer doivent suffire à convaincre le lecteur soucieux de vérité. Auquel je rappelle que ce très coûteux « machin » a eu à sa tête, des années durant et le sachant pertinemment, M. Waldheim, compromis, et combien, dans les crimes nazis...

A ce lecteur, je pose la question, et lui suggère de la poser à son tour à ses élus politiques, aux responsables de l'Administration, à ceux du gouvernement, au président de la République : *C'est à une organisation aussi vainement dépensière, aussi peu efficace, aussi nulle (pour reprendre le qualificatif que lui a accolé Senarclens) que vous allez confier les très difficiles, très délicats, très multiples et parfois très urgents problèmes que soulèvent, d'une part, les catastrophes brutales et, de l'autre, les pollutions sournoises? C'est sous l'égide de ce panier de crabes, où la corruption le dispute à l'incompétence arrogante, que vous allez accepter de placer les programmes de prévention, de prévision, de secours et de restauration de l'infrastructure économique?* Programmes que dirigeraient de surcroît en

France certaines personnes dénuées de toute compétence en ce domaine, scientifiques félons parvenus dans les coulisses du pouvoir par la flatterie succédant aux faux, aux contrevérités et à la forfaiture?... Menace supplémentaire qui pèse pour le moment sur notre pays.

Il est donc illusoire d'espérer grand-chose des Nations unies, malades de gigantisme malsain, mais tout autant, je le crains, du Conseil et du Parlement européens, car, les mêmes causes engendrant des effets similaires, j'ai bien peur qu'ils ne souffrent de déficiences qui les rendront bientôt aussi peu efficaces que celles-là...

En effet, l'Europe, en tant qu'institution, est en plus petit ce qu'est en grand l'ONU : un microcosme où les objectifs moraux et la qualité de très nombreux fonctionnaires sont bridés par les antagonismes nationaux, les conflits internes, les intérêts économiques contradictoires, les chauvinismes, les pressions politiciennes, les contradictions de toutes sortes, les arrivismes, les intrigues et la corruption, inévitables partout où l'argent abonde et où s'exacerbent les vanités carriéristes et la bureaucratie. Terreau sur lequel ne fleurit que l'inefficacité.

Chapitre 5

Du sens civique

Plus d'un demi-siècle durant, j'ai observé la chose politique. Pendant une dizaine d'années, j'ai appris de l'intérieur comment s'enfantent les décisions gouvernementales. Cette longue expérience m'incite à être de plus en plus sceptique quant à l'efficacité des accords supranationaux et de plus en plus convaincu que, sur le plan international, une quelconque efficacité ne peut guère être atteinte que par ententes bilatérales. J'ai des doutes aussi en ce qui concerne l'efficacité à l'intérieur d'une même nation lorsqu'un centralisme excessif et abusif y règne.

Cette guerre pour sauver la nature, qui sera non seulement longue mais toujours à recommencer, ne pourra être conduite de façon satisfaisante ni par les gouvernements nationaux ni par les organisations multinationales ou supranationales. Sauf si un chef d'État ou un chef de gouvernement décidait de diriger personnellement une telle politique. Car jamais aucun ministre ne pourra y réussir. Simplement parce qu'elle empiète sur le territoire d'une palanquée d'autres ministres : Intérieur, Industrie, Transports, Agriculture, Santé, Tourisme, Travaux publics, Aménagement du territoire, Équipement, sans parler de ceux que j'oublie et, surtout, du plus puissant d'entre eux puisque le pouvoir dépend de l'argent : celui des Finances.

Seul un chef de gouvernement convaincu de l'importance et de l'urgence d'une politique sérieuse de l'environnement – et jamais je n'en ai encore rencontré, ni entendu dire qu'il en existât –, et qui posséderait l'autorité nécessaire pour faire prendre les mesures indispensables par les ministres impliqués – là encore cette variété de chef de gouvernement est rarissime –, seul cet être exceptionnel pourrait conduire une telle politique à l'échelle d'une nation.

D'ordinaire un Premier ministre, en effet, n'affirme pas l'autorité qui lui permettrait d'obtenir l'adhésion réellement coopérative de ses propres ministres. Chacun de ces derniers est trop jaloux des prérogatives qui accompagnent sa fonction. Chacun aussi est fort peu enclin à consacrer la moindre parcelle des deniers que le budget de l'État lui accorde à une opération dont il ne serait qu'un exécutant, qu'il ne dirigerait pas et qui ne lui apporterait rien – si ce n'est la bonne conscience du devoir civique accompli. Laquelle, en général, ne semble pas être le souci premier des barons de notre République.

Je parle d'expérience : dans une structure administrative comme celle de la France, les meilleures possibilités pour mener une politique efficace de protection de l'environnement s'offrent à l'échelle du département, voire à celle de la région. La loi de décentralisation a donné au conseil général et à son président le pouvoir de décider et, grâce à l'argent dont désormais il dispose, de faire appliquer ses décisions. La région pourrait déjà être trop grande, trop bridée par des entraves semblables à celles qui caractérisent la nation. Mais peut-être se libérera-t-elle de ces entraves...

Pourtant, il faudrait que les régions puissent structurer cette politique et la conduire. Je pense en effet que, si une Europe véritable finit par se réaliser un jour, elle sera celle des régions plus que celle des nations : le chauvinisme de ces dernières les entrave, tout comme les égoïsmes inévitables. Et que dire de cette nuisance qu'est le centralisme, même à deux centres, Bruxelles et Strasbourg ! Il implique lourdeurs, hyper-bureaucratie, incapacité à saisir le concret. Ce concret est fatalement transformé, ne serait-ce que par les distances, en abstractions éloignées de la réalité. L'échec économique de ces deux trop vastes empires, l'URSS et la Chine, est en grande partie dû à un centralisme qui relève d'une myopie politique peu croyable et, comme toujours, de la vanité. La vanité du « pouvoir ». Les régions, par contre, semblent avoir la taille qui permettra peut-être, en cette aube d'européanisation et de mondialisation de l'économie et de la politique, de gérer la société moins mal demain qu'elle ne l'est aujourd'hui.

Dans un article paru dans *Le Monde diplomatique* d'août 1989, Maurice Bertrand, ancien membre du corps d'inspection des Nations unies, écrit : « Tous les problèmes deviennent mondiaux, qu'il s'agisse de croissance, d'inflation, de dettes, de sécurité militaire, de sida, de drogue ou d'environnement. Mais le seuil n'est pas encore atteint pour que l'on reconnaisse que les méthodes qui ont présidé à la création des institutions mondiales en 1945 – ONU, agences spécialisées, organisations de Bretton Woods – doivent être révisées et qu'il faut rebâtir un nouveau système, fondé peut-être sur une représentation régionale. » Expert en ce domaine, Maurice Bertrand confirme ici et le manque d'efficacité des institutions mondiales et le souhait d'une représentation régionale plutôt que nationale dans les systèmes qui devraient, le plus tôt possible, remplacer les « machins » actuels.

Une des difficultés à surmonter relève de l'illusion rousseauiste selon laquelle l'homme serait fondamentalement bon et vertueux. S'il est vrai que générosité, droiture, désintéressement, courage sont plus répandus dans les populations pauvres, voire misérables, qui luttent pour survivre, il est, hélas! tout aussi vrai que celles-ci deviennent aussi mauvaises que celles qui les exploitaient aussitôt que, pour quelque cause que ce soit, elles émergent de leur condition d'esclaves pour gagner celle de nantis. Nantis parfois très relatifs, suffisamment toutefois pour que l'égoïsme, la cupidité et la lâcheté prennent aussitôt le dessus sur la générosité et le courage. Ni Karl Marx ni ses successeurs n'avaient imaginé que des prolétaires parvenus au pouvoir pouvaient en un laps de temps infime se transformer en exploiteurs aussi odieux, voire pires, que ceux qui les avaient eux-mêmes exploités.

Des mafias de toute nature, bien plus souvent qu'un peuple innocent ne le pense, règnent sur nos respectables institutions. Elles font partie, malgré ce que l'on pourrait croire, des obstacles multiples qui nous séparent d'une politique rationnelle et efficace de protection de la nature, tout comme de protection de la société humaine. Une telle politique, en effet, doit être menée sur toute la surface du globe. Il faut que les nations en prennent la charge, car les problèmes à résoudre sont souvent de dimensions nationales, voire continentales, donc planétaires. Mais ce sont les régions qui devraient en être et l'organisateur et le bras séculier : je le répète, c'est à l'échelle régionale, voire à l'échelle locale, que, d'une part, s'engendrent la plupart des agressions redoutables et, d'autre part, que l'on peut le mieux tenter de s'y opposer.

Aucune politique de protection de la nature n'existe pour le moment. Simplement parce que l'on n'a nulle part encore, à ma connaissance, réfléchi de façon sérieuse et avec les compétences minimales indispensables à une stratégie qui la permette. Les irruptions récentes et plus ou moins tonitruantes de tels politiciens ou de tels mandarins universitaires dans la lutte des écologistes ne sont dues qu'à leur désir de sauter dans un train en marche susceptible de promouvoir leurs arrivismes. Qu'elles soient nationales ou patronnées par les Nations unies, ces opérations sont montées par de soi-disant experts, entourés de conseillers, eux-mêmes conseillés. Qui sait vraiment quoi, dans cette dilution des savoirs ? Où est l'expert ? Et quand on le déniche, écoute-t-on son avis si ce dernier va à contre-courant des intérêts économiques et politiques ? Pourtant des promesses sont faites. Elles ne seront jamais qu'un nouveau gaspillage des deniers publics, comme le sont trop de vains programmes internationaux, scientifiques entre autres.

Par son développement universel, la télévision est devenue le juge, aussi puissant que peu compétent, qui décide de ce qui serait valable et de ce qui ne mériterait que silence, autrement dit de ce que les deniers, publics et privés, vont financer et de ce qui, faute de finances, périclitera ou même ne verra pas le jour. C'est aussi vrai pour la recherche fondamentale que pour les grands travaux, pour les programmes agricoles que pour l'architecture ou la statuaire imposées aux villes, pour les actions humanitaires que *a fortiori* pour ce sujet, aussi nouveau, aussi mal connu, aussi grave, aussi urgent, qu'est la confrontation de la civilisation industrielle avec la nature qu'elle agresse. Et la confrontation du tiers monde avec une civilisation industrielle qui l'oblige, la pauvre, à agresser elle aussi la nature...

S'il est futile de s'égosiller en faveur d'un retour vers quelque utopique paradis terrestre, il est criminel de dissimuler la croissance exponentielle des risques technologiques. Entre ces affligeants extrêmes, la complexité est grande des compromis économiquement et écologiquement nécessaires. Pour les définir, il faudrait qu'en débattent des personnes à la fois compétentes en ces très diverses questions et intègres, au long de discussions dirigées et arbitrées par des décideurs réellement concernés, rigoureux et responsables.

Responsables. Autrement dit qui acceptent non seulement les honneurs et les avantages d'une situation socialement élevée, mais aussi les sanctions que justifieraient leurs éventuels errements. Responsabilité, hélas ! inexistante ou presque dans la société actuelle où les sanctions, lorsqu'elles tombent, ne s'abattent que sur les lampistes. Où les sanctions, lorsque sanctions il y a, sont d'autant plus légères – jusqu'à devenir évanescentes – qu'est élevée la situation du soi-disant responsable.

C'est là l'une des tares majeures de notre société présente, tare qui, avec la mise sous tutelle progressive de la Justice, conduit à la dégradation du civisme, laquelle signifie croissance de la corruption. Ce que je dis là pour la France est vrai pour le plus grand nombre des nations : n'ayez pas la mémoire courte et souvenez-vous des scandales innombrables qui ont jalonné ce dernier quart de siècle, scandales perpétrés aux niveaux sociaux, politiques et économiques les plus élevés, non seulement en France mais chez nos voisins d'Europe, au Japon, aux USA, en URSS, en Chine, au Vatican même, sans parler des pays industriellement moins développés – lesquels, en ce qui regarde la corruption, sont au moins aussi développés que nous.

L'étouffement de quasiment toutes ces affaires de corruption, de forfaiture, de manquements divers à l'éthique comme aux responsabilités, dont certains ont cependant accepté les côtés honorifiques et les bénéfices juteux, est inquiétant. A un pouvoir d'autant plus faible que les Rastignac y sont plus nombreux que les Saint-Just, cet étouffement est imposé par des groupes d'intérêts et par des corporatismes de plus en plus puissants. Ces groupes de pression, ou mafias que seuls profits et vanités attirent, ne s'intéressent guère à une protection réelle de la nature. Sauf lorsqu'ils pensent pouvoir, d'une façon ou d'une autre, en tirer profit.

Il est indispensable d'avoir les yeux bien ouverts sur ces peu plaisantes réalités si l'on souhaite structurer une action efficace pour protéger un environnement dont la plupart des « décideurs » ne daignent s'occuper que si cela leur rapporte. Ne pas tenir compte de cet état de fait serait faire preuve de candeur, de myopie ou de mauvaise foi.

Si l'on néglige les aspects sociaux, économiques, politiques, voire psychologiques, des problèmes complexes que pose désormais la protection de la nature, on sera dans l'incapacité d'élaborer une stratégie sérieuse et de jamais gagner cette guerre difficile. Ne pas la gagner serait la perdre, lapalissade qui signifierait une dégénérescence égrotante de l'humanité.

Je dénonce, sans fard ni diplomatie aucune, tant la corruption de certains que la pusillanimité de beaucoup, pusillanimité qui les cloître dans l'acceptation de faits inacceptables, que cependant ils acceptent par crainte de déplaire. Mais je sais aussi – l'Histoire le démontre – qu'à toute décadence, si elle n'atteint pas le seuil létal, succède une régénération. Notre société étant en décadence, il faut que tous ceux qui s'en affligent s'efforcent, chacun avec les moyens dont il dispose, de faire progressivement virer de bord notre colossal navire avant qu'il ne s'écrase sur les rochers vers lesquels il dérive.

Les « petits juges » courageux qui risquent leur vie et trop souvent la perdent pour lutter contre les mafias, de plus en plus puissantes parce que tolérées par les pouvoirs – et pas uniquement en Sicile, en Calabre ou en Colombie mais également chez nous –, sont l'exemple le plus digne d'admiration qui soit. Car ils s'exposent non seulement à la mort mais aussi à la « non-carrière », puisque le pouvoir de l'argent et celui de la politique les haïssent. Exemple que devraient méditer les citoyens qu'abus et corruption désolent voire scandalisent, mais qu'empêche d'agir, ne serait-ce que par la parole, la crainte que leur inspirent leurs hiérarchies respectives, dont dépend la situation de chacun : sa « carrière ».

En appeler au sens civique fait ricaner certains et peut sembler utopique à beaucoup. Les ricaneurs, je me les réserve. Les sceptiques, j'aimerais réussir à les convaincre qu'ils se trompent. La succession sanctions, intéressement, civisme se réalise souvent : lorsque ce dernier n'arrive plus à s'imposer, la société se trouve dans l'obligation d'en revenir à la coercition; ce stade franchi, elle cherche à intéresser les gens (principe du bonus des assurances). Finalement, elle en appelle de nouveau au sens civique, avec des chances d'être entendue, du moins durant un certain temps, au terme duquel on se retrouve devant la nécessité d'appliquer des sanctions.

La violence de mes accusations est déterminée par le désenchantement que les pratiques ici dénoncées suscitent en moi, mais aussi par l'espoir que ces vérités engendreront chez certains le sursaut qui permettra finalement de sauver la biosphère agressée et, en même temps, la société humaine : politique et environnement son étroitement tributaires l'un de l'autre.

Chapitre 6

« Small is beautiful »

Délibérément, je me répète : plus d'un demi-siècle d'expérience a désormais prouvé que les organismes internationaux sont d'une efficacité fort peu signifiante. Et les coûteux programmes de protection de l'environnement que ces organismes proposent aujourd'hui ne serviront jamais qu'à combler d'honneurs immérités et d'avantages financiers ceux-là seuls qui y participent. Quant aux nations, elles ont été jusqu'ici presque aussi inefficaces et elles le demeureront tant qu'elles n'auront pas à leur tête un Gorbatchev, un Churchill ou un Juan Carlos de l'environnement.

Restent, heureusement, les collectivités de taille réduite, lesquelles, paradoxalement, permettent de réussir où les « grands », par le fait même de leur taille, échouent : la « loi de Parkinson » s'applique ici, comme partout dans la société, et comme partout « *small is beautiful* ». Les preuves n'en manquent pas, y compris en France : épuration du lac d'Annecy ; réduction importante par une prévention bien menée des incendies dans la forêt des Landes où deux sinistres seulement se sont produits en quarante années; réduction des risques industriels majeurs dans le « couloir de la chimie » du Rhône; construction parasismique imposée dans la principauté de Monaco d'abord, à EDF et au CEA ensuite; mise en route par la ville de Grenoble d'un programme de dépollution commençant par le remplacement par le gaz du fuel pour le chauffage et du gasoil pour les diesels; implantation à l'initiative du Conseil général de l'Isère d'un réseau VAN de prévision des séismes, étendu à la région Rhône-Alpes; mesures prises par le Conseil général de Savoie pour la protection contre les glissements de terrain, pour la protection du paysage, pour la défense contre l'envahissement par les déchets et les détritus. A l'échelle des grandes villes, élimination du smog à Londres, réduction de la pollution atmosphérique à Tokyo, implantation d'un réseau VAN de prévision des séismes dans le Kwanto... Je cite ce que je connais et chacun de vous a en tête d'autres exemples d'actions efficaces menées localement pour la protection de la nature.

Engagés par des collectivités locales, ces programmes seront, tôt ou tard et *volens nolens,* soutenus par l'État, voire par le Conseil de l'Europe, qui seront obligés d'emboîter le pas à des initiatives que leurs trop lourdes administrations, leurs tendances velléitaires et la distance qui les sépare du concret leur ont interdit de prendre. Il convient donc de lancer de cette façon « décentralisée » la lutte contre les menaces qui croissent, exponentiellement parfois, avec la consommation exacerbée et avec la démographie galopante du tiers monde, fléau enfanté par l'injustice socio-économique et par la cohabitation de la misère et de la technologie. Misère et technologie en croissance elles aussi, la première de façon atroce, l'autre de façon qui semble tenir du miracle.

L'expérience m'a enseigné que l'une des approches les plus fructueuses pour amorcer un programme de protection de l'environnement, qu'il s'agisse de prévention ou de restauration, consiste à convaincre, grâce à un dossier sérieux et sérieusement présenté, *la* personne responsable de la politique du lieu considéré : maire, président du conseil régional... Sans me douter qu'il deviendrait président de la République, j'avais ainsi pu sensibiliser François Mitterrand à l'importance majeure qu'il y avait à protéger la France contre la menace, chaque jour plus proche, de tremblements de terre destructeurs : dès son élection à la magistrature suprême, il fit en sorte qu'une action puisse être amorcée en ce sens. Elle le fut mais ne put être conduite à bonne fin d'une part à cause de l'insignifiance du pouvoir que possède un sous-ministre tel que je le fus, insignifiance imposée par celle du budget dont il dispose, d'autre part à cause du « syndrome de Parkinson » : décroissance de l'efficacité d'un organisme en fonction de la croissance de sa taille. L'organisme, en l'occurrence, c'était l'État...

Conscient de la profonde vérité de cette loi de Parkinson, et très naïf encore en ce qui regarde les hommes politiques et leurs promesses – même lorsqu'elles sont faites à leurs « amis » –, j'insistai pour que mon cabinet, le nombre des fonctionnaires mis à ma disposition et mon budget fussent minimaux («*small is beautiful!*») afin que des moyens plus importants fussent accordés, en fonction de leurs besoins, aux ministres qui auraient à prendre les mesures de prévention et de protection que je pourrais suggérer. A ces facteurs négatifs, il faut ajouter le fait que trop de chefs ne savent pas commander et que les courtisans isolent des réalités celui qu'ils courtisent.

Je lis un article de Claude Julien *, excellent non seulement par la vigueur de ses formules et la densité de son style, mais aussi par l'intelligence de sa clairvoyante analyse: j'aurais volontiers cité intégralement les quelque trois ou quatre cents lignes de ce papier... Je me contenterai d'en reproduire l'épigraphe, une phrase d'Érasme extraite de son *Éloge de la folie*: «Les princes, dans leur félicité, me paraissent fort à plaindre d'être privés d'entendre la vérité et forcés d'écouter des flatteurs, non des amis.»

Dans un conseil régional, général ou municipal, par contre, ces nuisances ne peuvent exister qu'à l'état embryonnaire. D'abord de par la taille suffisamment réduite de ces organismes, ensuite parce que, au contraire des membres d'un gouvernement national, les conseillers locaux sont d'accès aisé et chaque citoyen a la possibilité de leur parler; ils sont connus personnellement par leurs électeurs qui peuvent les côtoyer quasi quotidiennement, ce qui change de façon radicale le comportement des uns comme celui des autres.

---

* *Le Monde diplomatique,* «Nouveaux barons et tiers état», août 1989.

Le financement du réseau de prévision des tremblements de terre a montré combien le petit gouvernement départemental est plus rapide et plus efficace que son trop grand frère national : dans les deux mois, le conseil général a voté le projet de réseau pour la prévision des séismes que le gouvernement avait mis cinq années à n'accepter point (ou plutôt à n'accepter qu'à l'avant-veille du désaveu électoral de 1986 qui l'envoya en vacances, et ledit projet aux calendes...). *Small is, also, efficient.*

Supposons convaincu de la solidité d'un programme le responsable politique le plus haut placé – ce qui suppose toujours, chez lui, du courage, de l'intelligence et des conseillers dignes de confiance, *sine qua non* moins habituels qu'il ne peut sembler. La discussion est alors conduite au sein des commissions départementales habilitées, lesquelles adoptent le projet proposé ou l'amendent pour le soumettre rapidement au conseil général réuni en assemblée plénière. Au contraire de ce qui se passe à l'échelon du gouvernement, du Conseil des ministres ou de l'Assemblée nationale, cette procédure est d'une grande célérité. Le budget nécessaire est alors voté et le programme, aussitôt, peut être mis en route.

Sauf lorsque le gouvernement, ignorant la loi de décentralisation que Gaston Defferre avait fait adopter en 1982, lui met dans les roues les bâtons qui le font capoter. Ainsi, en 1988, le ministre de l'Intérieur, pour des raisons qui lui sont strictement personnelles et qu'il n'a pas daigné préciser, a interdit en dernière minute au préfet de l'Isère et aux services extérieurs de l'État, sans lesquels il n'est pas pensable d'organiser des secours de grande envergure, de participer à l'exercice, prévu et annoncé depuis dix-huit mois, de simulation d'un séisme destructeur.

Cet exercice avait pour objectif de rendre les secours en cas de catastrophe moins inefficaces qu'ils ne le sont *toujours.* Les tremblements de terre d'intensité supérieure à VIII MSK * constituent l'une des calamités les plus difficiles à gérer à cause de la quantité des survivants à secourir – blessés graves, blessés légers, commotionnés, de même qu'indemnes qu'il faut cependant prendre en charge. Il est normal de choisir ce type d'événements pour mettre à l'épreuve l'organisation chargée des secours. Jusqu'à présent, le pourcentage des victimes sauvées est, partout, désespérément faible. Sans doute sera-t-il toujours fort loin du cent pour cent idéal, mais il pourrait être dès aujourd'hui, pour peu que l'État le veuille réellement, très supérieur à ce qu'il est.

J'ai une expérience certaine des catastrophes, j'ai constaté la très universelle carence des secours envoyés sur les lieux et, pour avoir analysé les causes de cette carence, j'en ai tiré des enseignements que je pense profitables. Je me suis efforcé de faire admettre par les hauts responsables du gouvernement français et même par des responsables de gouvernements étrangers les idées que j'en avais tirées. J'ai ainsi appris qu'à cet échelon-là – celui de l'État – on ne pourrait sans doute jamais conduire une réforme sérieuse : trop d'intérêts et trop de

* Initiales des sismologues Medvedev, Sponheuer, Karnik, qui ont défini l'échelle internationale des intensités sismiques.

vanités diverses s'y opposent, que les lourdeurs administratives et les médiocrités bureaucratiques favorisent. Aussi, en 1988, avais-je structuré avec Alain Carignon, président du Conseil général de l'Isère, un exercice d'organisation des secours à l'échelle du département. La réalisation en fut donc empêchée par l'interdiction, signifiée au préfet et aux services extérieurs de l'État par le ministre de l'Intérieur, d'y participer...

Cette leçon doit être retenue afin d'éviter que soient étouffées ou mutilées les initiatives que les collectivités locales prendront dans l'avenir pour protéger l'environnement ou pour protéger les gens contre les risques majeurs. Ces deux types de protection ressortissent à une politique commune, et c'est pourquoi j'évoque les séismes là où d'aucuns auraient souhaité que l'on ne parlât que de l'effet de serre, des CFC, de la pollution ou des PCB, ce que nous allons faire d'ailleurs! Cette leçon montre de surcroît les habitudes multiséculaires de l'Administration d'exercer son pesant pouvoir central sur l'entièreté du royaume, même après que ce dernier fut devenu république. Ces habitudes seront longues à disparaître et le mal qu'elles feront encore n'est pas négligeable.

Chapitre 7

Des échelles de priorités

Après des décennies de laisser-aller en ce domaine, l'environnement aujourd'hui commence enfin à être pris en considération. Pour raisons électorales peut-être, pour raisons d'intérêts privés parfois, mais l'important est qu'il le soit. Le pouvoir politique se trouve du coup confronté à une foule de problèmes qu'à l'évidence il ne peut tous traiter à la fois. Il lui faut donc faire des choix. Ces choix portent sur l'urgence et sur la gravité de la nuisance, sur le sérieux de chacun des programmes proposés pour les combattre, comme sur leurs coûts respectifs. Ces choix ne sont pas faciles, à cause de l'insuffisance des informations disponibles et de leur degré de fiabilité, à cause du peu de savoir technique et scientifique de la plupart des gens, hommes politiques inclus, à cause trop souvent du peu de compétence de certains « experts » auxquels l'ignorance générale permet de se prétendre tels.

A cause surtout peut-être de l'influence des groupes de pression, lobbies financiers, corporatistes, industriels, sociaux, politiques, voire individuels, dont le rôle est trop souvent déterminant. La plupart du temps, du point de vue de l'intérêt public, ce rôle est négatif, autrement dit il empêche ou pour le moins entrave la mise en route ou la réalisation d'un projet valable. Parfois il permet au contraire la promotion d'un autre projet dont la valeur est cependant douteuse, voire nulle. Il arrive néanmoins que, sous un certain angle, ce rôle soit positif, ainsi lorsqu'il pousse à prendre des mesures concrètes. Mais en ce cas, trop souvent, ces mesures vont à l'encontre de l'intérêt général et à l'encontre de la protection réelle de l'environnement. Il en est ainsi des programmes, coûteux et vains, de lutte contre les incendies de forêt, ou des textes légaux qui ont conduit au gaspillage injustifié que signifient la mise hors la loi du pyralène ou le lancement de programmes de protection de l'environnement voués à l'inefficacité tant par leur gigantisme que par la non-compétence de ceux qui les chapeautent.

Ces regrettables décisions n'ont d'ailleurs pas été prises par des représentants de collectivités locales mais par des autorités nationales, confirmant ainsi l'opinion, exprimée plus haut, que, plus est volumineuse et pesante l'administration concernée, moindre est son contact avec le concret, moindre est sa perception du réel, moindre est son efficacité.

Les autorités municipales ou départementales font partie intégrante de la population locale, sont proches de leurs électeurs, sont en relations étroites et quasi incessantes avec les divers partenaires intéressés par les menaces et de ce fait concernés par ce que l'on se propose d'éventuellement tenter pour les conjurer. Pour ces instances locales, le premier choix à effectuer est celui des priorités : entre la lutte contre des molécules chimiques qui provoqueraient la fonte des glaciers, donc la montée concomitante du niveau de la mer, et la lutte contre la pollution de plus en plus corruptrice de la rivière qui traverse la cité ou de sa nappe phréatique, un conseil d'élus locaux n'hésitera guère.

Il aurait raison de ne pas hésiter du tout : charité bien ordonnée commence par soi-même (et par ceux qui vous ont chargé de veiller sur eux). En outre comparons le rendement, c'est-à-dire le rapport entre investissement et résultats, d'un programme local ou régional géré par les responsables du cru, et d'un projet supranational dont l'ambition n'a d'égale que l'irresponsabilité de ceux qui l'ont parrainé. Qui donc a jamais accepté d'endosser la responsabilité des innombrables non-réussites des organismes plurinationaux ou les prix de revient exorbitants des projets que parfois ils ont menés à bon port?

Cette hiérarchie des priorités est malheureusement difficile à établir. Aux arguments de gravité du péril et de son degré d'urgence s'ajoute celui, tout aussi important, du coût des opérations. Toute prévention représente une assurance contre le risque, et l'assurance se paie, en deniers, en heures de travail, en matériels. Prévenir est le premier devoir des responsables, restaurer un environnement dégradé est le second. Et cette restauration, elle aussi, coûte. Et coûte en général beaucoup plus que n'aurait coûté une prévention bien menée. Mais si l'on ne restaure pas, l'on va à la catastrophe irréversible. Coût supplémentaire, encore et toujours...

Chacun des conseils d'élus établira l'ordre des priorités en fonction des particularités propres à son territoire. Il n'en est pas deux identiques : les différencient nature géologique et morphologie, types d'agriculture et d'élevage, sylviculture, climat, géographie humaine, densité de la population et des agglomérations, dimensions des villes, nombre des usines, nature des industries, des mines et des carrières, répartition des écoles, des hôpitaux, des décharges publiques, que sais-je encore. Comme les différencient les caractéristiques sociopolitiques – ressources diverses, insuffisances tout aussi diverses, influences partisanes, qualités et défauts de l'élu principal. Il n'y aura jamais deux classifications identiques des problèmes à résoudre. Pas plus, bien souvent, qu'il n'y aura de solutions identiques pour des problèmes d'appellation cependant identique. En la matière, il n'existe pas de réponse universelle.

Lorsque, responsable de la mitigation des risques à l'échelle nationale durant la première moitié des années quatre-vingt, à l'échelle départementale un lustre plus tard, je me suis trouvé confronté à ce problème de classification, j'ai choisi de procéder par succession d'alternatives : menace naturelle ou anthropique, fréquente ou rare, imminente ou lointaine, soudaine ou graduelle, ponctuelle ou diffuse... Ensuite, pour chacun des rameaux ainsi différenciés, je me suis efforcé à une ou plusieurs dichotomies supplémentaires. Une menace anthropique est-elle de nature chimique ou non ; si oui, risque toxique ou risque d'incendie, diffusion sournoise ou explosion? Et cela jusqu'à définition suffisante pour situer, plus ou moins car la perfection est bien impossible en la matière, le risque considéré.

Lorsque, à l'échelle nationale, j'étais responsable des risques dits majeurs, mon équipe et moi avions de la sorte mis au premier rang des nuisances dont nous espérions réduire les méfaits les incendies de forêts, les séismes destructeurs et, dans les sites de chimie industrielle aux usines circonvoisines, les « effets dominos » – c'est-à-dire les catastrophes gigognes, l'une déclenchant l'autre.

Les incendies de forêt, parce qu'ils sont de plus en plus fréquents, de plus en plus destructeurs et de plus en plus dispendieux : alors que jusqu'aux années cinquante il n'y en avait qu'une douzaine par décennie, il y en a aujourd'hui presque autant chaque mois... Or non seulement ces incendies détruisent un patrimoine précieux, parfois irremplaçable, mais surtout ils conduisent souvent à une dégradation gravissime des sols, voire à leur disparition. Et, en sus de ce qu'ils détruisent, ils coûtent chaque année aux contribuables les quelque douze cents millions de francs qu'exige la lutte impossible à gagner que l'on mène contre eux.

Les séismes, je les avais placés en tête pour des raisons objectives : ils peuvent tuer en quelques secondes des milliers et des milliers de personnes et détruire l'infrastructure économique de toute une région. Mais aussi pour d'autres raisons, celles-là subjectives : depuis près d'un quart de siècle, j'étais sensibilisé à la formidable menace qu'ils représentent et m'étais spécialisé dans l'étude de leur mitigation jusqu'à réussir, en une vingtaine d'années, à en faire prendre conscience aux habitants de la France. Quelque peu orfèvre en la matière, avec une conscience aiguë de la nature de ce risque, possédant un savoir non négligeable des techniques à appliquer pour en minimiser les effets, j'avais naturellement le désir de procéder, au plus tôt et le mieux possible, à cette réduction des pertes.

Les raisons objectives qui me poussaient en 1981 à placer le risque sismique au premier rang étaient donc les dimensions colossales de cette menace et le fait que la population, ses élus et ses gouvernements successifs s'obstinaient dans un aveuglement délibéré, refusant d'entendre une vérité qui leur déplaisait, à savoir que la France est sismique et que, si les tremblements de terre destructeurs y sont rares, ils peuvent y être aussi catastrophiques que les pires advenant dans les régions les plus secouées du monde.

C'était le fait aussi que, la France ayant connu deux douzaines de séismes destructeurs et meurtriers en ces six derniers siècles et le plus récent s'étant produit il y a plus de quatre-vingts ans, le 11 juin 1909, entre Aix et Salon-de-Provence, il était à craindre que le prochain ne soit plus ou moins imminent. Il convenait donc à mon sens de lui accorder l'attention qu'il méritait, autrement dit la priorité.

Quant aux concentrations d'usines chimiques et pétrochimiques, je les plaçais également en tête de liste parce que ce possible « effet dominos », dont l'importance croît avec le nombre des usines agglomérées et avec la population qui s'agglomère autour de ces agglomérats, n'avait été nulle part pris en considération jusque-là, ni étudié, ni traité comme le rendrait souhaitable un souci sérieux de la sécurité publique.

Je suivis le même processus binaire lorsque, une demi-douzaine d'années plus tard, je me trouvai chargé de la responsabilité de la mitigation des risques majeurs dans le département de l'Isère. Quoique la menace sismique y soit fort réduite, je lui gardai néanmoins son rang pour des raisons identiques à celles qui m'avaient influencé pour la France entière. De surcroît ce que nous pourrions, dans l'Isère, réaliser en ce domaine profiterait, un jour, au pays tout entier. Je mis donc le risque sismique au premier rang pour des raisons plus subjectives qu'objectives, malgré ce que représentent, dans notre département, les risques industriels : chimie, nucléaire, papeterie, agro-alimentaire, transport de matières dangereuses entre autres. Pis encore, j'ai repoussé ces risques industriels derrière la pollution urbaine de ce que l'on appelle l'Y grenoblois, « ygrec » tracé par les vallées confluentes de l'Isère et du Drac.

Au premier rang des priorités, nous avons également placé la réalisation d'un système efficace d'alerte aux crues torrentielles : d'une part, les désastres récents de la Nive, du Grand-Bornand ou de Nîmes avaient rappelé que ce genre d'accident peut survenir partout où un nuage d'orage particulièrement chargé d'eau se déverse sur un bassin versant de dimensions réduites; d'autre part, la population de notre « ygrec » est sensibilisée, à l'excès selon moi, au risque de rupture de barrage.

Il faut reconnaître que si l'on n'éprouve pas la confiance que j'accorde aux barrages bien étudiés, bien construits et bien surveillés, comme le sont ceux d'EDF, il y a de quoi éprouver quelque inquiétude dans cette agglomération : une dizaine de ces grands ouvrages d'art, situés à quelques dizaines de kilomètres de distance à peine, la surplombent de plusieurs centaines de mètres...

Cela montre que le responsable d'un programme de sécurité peut avoir à considérer comme prioritaire un risque que lui-même estime improbable mais que la population concernée redoute, elle, à l'extrême : si j'avais écouté le rationalisme, qui devrait être prépondérant, je n'aurais pas accordé à l'hypothèse d'une rupture de barrage plus d'importance que je n'en donne à l'hypothèse du « syndrome chinois » pour le nucléaire : probabilité insignifiante, sinon nulle puisque le risque nul, hélas ! n'existe pas. Mais en ce genre de décisions, qui relèvent autant de la sociologie que de la technologie, de l'économie que de la politique et de la psychologie, le cartésianisme de l'ingénieur doit parfois s'effacer devant l'inquiétude des citoyens, du moins aussi longtemps que l'on n'a pas réussi à calmer celle-ci par une série d'explications qui les convainquent.

Mon attitude vis-à-vis de la menace que représentent les installations nucléaires montre combien peuvent être subjectives les motivations d'une décision concernant la priorité relative des risques. Dieu sait si l'Isère en regorge, surrégénérateur à Creys-Malville, Centre d'études nucléaire à Grenoble (CENG), centrale à Saint-Alban, centrale au Bugey (qui se trouve dans l'Ain, mais à quelques dizaines de mètres à peine du département de l'Isère)... Cependant, aussi bien lorsque je faisais partie du gouvernement que plus tard pour le département de l'Isère, je mis cette question au énième rang de mes préoccupations. Pourquoi?

Pour deux raisons. La première tient à ce qu'*en plus de quarante années d'activité en ce domaine il ne s'est pas produit un seul accident corporel,* a fortiori *mortel, dû au nucléaire* et cela dans le pays le plus nucléarisé qui soit : le nombre d'usines par habitant, ou par km^2, est chez nous le plus élevé du monde. Cette absence d'accident montre que, en dépit de cette quantité d'usines redoutables, les précautions prises sont efficaces et que la probabilité de désastres d'envergure est incomparablement plus faible que pour toute autre industrie : dans chaque industrie, sauf le nucléaire français ou, mieux, « occidental, il y a des tués, beaucoup de tués, chaque année. Donc pas de priorité à accorder au nucléaire. La seconde raison était notre incompétence, la mienne en premier, en ce qui regarde les mesures supplémentaires que certains souhaiteraient voir prendre et qui, peut-être, devraient être prises : seuls des ingénieurs hautement spécialisés pourraient les suggérer, or aucun de ces spécialistes n'a proposé quoi que ce soit, malgré la sensibilité exacerbée des Genevois, des Vaudois, des Valaisans et des Verts vis-à-vis de Super-Phénix.

Cela montre l'importance des facteurs personnels ou politiques dans le concept même de la nuisance : ni le surrégénérateur – dont j'avais par ailleurs, au cours des années soixante-dix et avec beaucoup d'autres opposants, tenté d'empêcher la construction –, ni les centrales nucléaires à eau pressurisée ne sont une préoccupation majeure pour le responsable de la prévention que je suis dans mon département, après l'avoir été au niveau national. En revanche, un éventuel collègue genevois, s'il se trouvait de l'autre côté de la frontière helvétique un responsable similaire, serait obligé de mettre ces centrales au tout premier rang de ses préoccupations. Qu'il soit lui-même inquiet comme le sont, dit-on, les habitants de ce canton ou, si lui-même ne l'était pas, pour répondre à la pression que ses concitoyens exercent. *Mutatis mutandis*, comme j'ai dû répondre aux craintes que les Grenoblois éprouvent, alors que je ne les éprouve nullement, vis-à-vis des grands barrages.

En ce qui regarde le nucléaire, cette pression des citoyens est, malgré l'alarmisme « vert », insignifiante dans le département où je suis élu. Si elle existait, elle devrait être prise en considération non pas pour de vulgaires motifs électoralistes mais par souci de démocratie. En principe la chose est excellente, qui oblige les responsables à tenir compte de l'opinion publique. Malheureusement, cette opinion publique peut être aisément manipulée pour peu que ceux qui cherchent à le faire disposent des moyens suffisants – argent, presse, médias...

Dans une telle conjoncture, le responsable de la prévention peut se trouver dans l'obligation de passer beaucoup de temps sur un sujet qu'il pense d'intérêt secondaire, et un temps supplémentaire à essayer de démontrer aux gens que la réalité est autre que celle qu'ils imaginent. Ce fut, dans mon expérience personnelle, le cas des PCB, notamment du pyralène.

Chapitre 8

De la catastrophe imaginaire et de la notion d'expert

J'ai évoqué ci-dessus certaines des bifurcations qui aident à établir une hiérarchie des nuisances par priorités décroissantes. Dans cette succession d'alternatives, il en est une que je n'ai pas mentionnée. Elle est cependant d'importance majeure : le risque en question est-il réel ou imaginaire ?

Quelqu'un de non averti peut trouver cette question farfelue : comment imaginer que soit imaginaire une menace que tout un chacun ou presque, presse, télévision, pouvoir législatif, voire « experts », dénonce comme gravissime ? Souvenez-vous des OVNI, « objets volants non identifiés », dont, des années durant, les médias ont fait état jusqu'à contraindre les gouvernants de la plupart des grandes nations à financer de coûteuses enquêtes. Souvenez-vous des avions renifleurs, qui n'étaient une menace que pour l'argent du contribuable...

Souvenez-vous aussi de l'accident de Seveso, dans la banlieue industrielle de Milan, en 1976, où la combustion de PCB (polychlorobiphényle) avait produit des polychlorodioxines (dites dioxines) et des polychlorofuranes (dites furanes) : l'unanimité médiatique fut totale dans la dénonciation de la toxicité de ces produits, que certains journaux importants comparèrent aux gaz de combat, ypérite entre autres. Comme tout le monde, j'ajoutai foi à ce qui était ainsi diffusé dans le monde entier, France en premier. Et qui devait se révéler imaginaire.

En 1982, le gouvernement me chargea de la prévention des risques dits technologiques. Jusqu'alors je n'avais eu à m'occuper que des risques naturels, où j'avais des compétences certaines tant par les écoles que j'avais fréquentées que par ma spécialisation professionnelle ès éruptions et séismes. Par contre, l'ingénieur que j'étais ne pouvait se dire compétent en matière de risques industriels, nucléaires, chimiques et autres. Et je fis ce que fait en principe tout responsable d'un département ministériel lorsqu'il le prend en charge : étudier les dossiers, essayer de s'entourer de collaborateurs qualifiés, demander leur avis à des spécialistes sérieux.

Le premier dossier que je me fis communiquer, parce qu'il représentait dans mon esprit la menace industrielle la plus grave connue, fut celui de la catastrophe de Seveso. Les deux ingénieurs de haut niveau qui, à ma demande, m'avaient été adjoints n'étaient pas spécialisés dans cette chimie particulière (il faut se rappeler qu'il existe des milliers de corps chimiques et que chaque année on crée des centaines de molécules nouvelles), mais ils me furent précieux dans l'étude de ce dossier. Il ne nous fallut que quelques heures pour découvrir que cette catastrophe semblait n'avoir tué personne...

Un coup de fil à mon collègue, responsable de la protection civile en Italie, me confirma que non seulement il n'y avait pas eu de décès mais non plus de lésions irréversibles – toutes les personnes hospitalisées étaient entièrement guéries –, pas plus que de naissances anormales en nombre supérieur à la moyenne. Je fus stupéfait qu'un accident n'ayant pas fait de victimes eût été exagéré jusqu'à avoir été qualifié de « Hiroshima de la chimie » par un périodique réputé... Et je m'adressai donc à un expert de très haut niveau, de surcroît la rigueur personnifiée, ce qui est loin d'être le cas de tous ceux qui se prétendent experts, alors que rigueur et incorruptibilité devraient être un *sine qua non* permettant d'user de ce titre.

Un expert, dit le Robert, est une « personne choisie pour ses connaissances techniques et chargée de faire, en vue de la solution d'un procès, des examens, constatations ou appréciations de faits ». Manque à cette définition l'exigence de deux qualités, cependant indispensables : rigueur – autrement dit incorruptibilité – et courage. Celui, entre autres, de dire la vérité lorsqu'elle déplaît à ceux dont votre propre carrière dépend. Ces deux *sine qua non* du droit de se dire expert sont beaucoup moins souvent remplies que ne le sont celles, techniques, de la définition officielle.

L'expert authentique auquel je posai mes questions m'apprit que *jamais, nulle part, aucune des quelque soixante espèces de dioxines existantes n'avait tué qui que ce soit.* Une seule d'entre elles, j'ai oublié le détail de sa structure chimique, s'est montrée létale pour les cobayes de laboratoire, en aucun cas pour l'homme. Tout au plus l'émanation de gaz de Seveso a-t-elle provoqué des réactions cutanées, que la médecine a rapidement guéries. Qui n'a un jour été victime d'une réaction cutanée plus ou moins violente en mettant sa peau en contact avec un des innombrables produits qui remplissent les placards de nos cuisines et de nos salles de bains ? Il me dit également qu'à l'époque de l'accident de Seveso, stupéfait par le catastrophisme général, il avait essayé de faire entendre raison à la presse, mais sans le moindre succès.

Ainsi, en dépit des efforts de quelques personnes compétentes qui cherchèrent à faire connaître la vérité, *on créa de toutes pièces un monstre aussi imaginaire que les soucoupes volantes, et considéré comme un risque majeur par tous les pays du monde, gouvernants et législateurs inclus*... Et jamais ni les quotidiens, ni les périodiques, ni la TV, ni les radios qui avaient jeté l'huile sur le feu n'ont fait mention de l'avis des spécialistes authentiques, jamais ils n'ont reconnu s'être trompés. C'est, déontologiquement, d'une gravité qui invite à la réflexion.

Mutatis mutandis, le même processus se répéta, en France cette fois, à l'occasion d'un vulgaire incendie dans la ville de Reims et, comme pour Seveso, le « monstre » se répandit sur le pays entier. Toujours à cause des PCB qui d'ailleurs, depuis la fin des années soixante, étaient soumis à une rigoureuse réglementation internationale : on s'était aperçu que ces produits, auxquels une très grande stabilité chimique conférait des propriétés fort précieuses pour diverses technologies modernes, se révélaient par contre bioaccumulables dans les chaînes alimentaires et, dès lors, peut-être dangereux à terme, leur stabilité chimique les rendant difficilement biodégradables, mieux valait ne pas courir ce risque. D'où une série de textes légaux, japonais et américains d'abord, européens ensuite. Cela conduisit à ne plus guère utiliser les PCB que dans des appareils étanches, transformateurs, condensateurs électriques, machines hydrauliques d'exploitation minière, certains systèmes de transport de chaleur, etc.

Jusqu'à cet incendie de Reims, le 14 janvier 1985. Ce sinistre eut ceci de particulier qu'il détruisit par le feu un transformateur contenant du pyralène, diélectrique chimiquement fort stable, de surcroît ininflammable et incombustible. Mais s'il ne flambe pas il se décompose à la chaleur en diverses molécules gazeuses, dont les fameuses furannes et les dioxines plus fameuses encore. L'émotion que ces noms avaient suscitée à l'occasion de l'incident de Seveso n'était nullement calmée, et la campagne d'alarmisme reprit, comme reprend un incendie de forêt lorsque se lève le mistral.

Cette campagne fut aussi nocive que celle qui avait éclaté après l'incident de Seveso. Comme pour ce dernier, le public fut rapidement persuadé que furannes et dioxines étaient mortelles, et qu'il fallait éliminer au plus tôt les transformateurs à pyralène, comme le demandaient les fomentateurs de cette campagne. Cette frange du mouvement écologiste, d'une honnêteté intellectuelle parfois, hélas ! douteuse, frange que les autres défenseurs de l'environnement méprisent plus ou moins mais ne dénoncent pas, se rua sur cet os et contribua à exacerber l'état de prépanique engendré par la façon dont les choses avaient été présentées par les médias. Aussi, sans prendre la peine de s'informer auprès de spécialistes compétents, poussé peut-être par quelque émule de Lyssenko, ce tristement célèbre conseiller scientifique de Staline, le législateur mit le pyralène hors la loi.

Ce qui coûte au contribuable-consommateur quelques milliards de francs. Il y a en effet en France plus de cent mille transformateurs et condensateurs isolés et réfrigérés par pyralène. La « décontamination » des transformateurs coûte (prix de 1987) 11 francs par kilo et celle des condensateurs 8 francs. L'incinération du liquide, conduite dans la seule usine habilitée à le faire, celle de Saint-Vulbas, dans l'Ain, revient à 4 francs par kilo. Le ramassage, le transport et le stockage des appareils destinés à être « décontaminés » coûtent entre 5 et 10 francs par kilo. Soit un total d'environ 20 à 25 francs au kilo. Pour un poids moyen disons de 1 tonne, cela fait 20 000 à 25 000 francs pièce. Et il y a une bonne centaine de milliers de ces appareils... qu'il faut remplacer.

Or le pyralène n'est nullement redoutable. Du moins ne l'est-il pas plus, pardon, il l'est incomparablement moins que quantité de produits aussi courants que le gaz de ville, le butane, le chlore, la soude, sans parler des cyanures, des phénols, du tétrachlorure de carbone, de l'ammoniaque, du phosgène, de l'éther, des pesticides, des solvants, que sais-je encore.

N'oubliez pas que le pyralène n'a jamais tué qui que ce soit. Ce qui n'est le cas ni des quelques matières évoquées ci-dessus ni de l'essence, du pétrole ou du mazout. Sans parler de l'alcool ou du tabac. Les met-on en cause lorsqu'un accident, même très meurtrier, tel celui de Los Alfaques qui fit un demi-millier de morts, se produit? Jamais. Même les écolos intégristes n'ont jamais proposé qu'on les excommuniât. Alors pourquoi cette condamnation, sans appel, du pyralène en particulier, des PCB en général *?

Mon successeur à la mitigation des risques majeurs, Alain Carignon, considérant que l'opinion du grand expert qui m'avait convaincu – de façon officieuse, il est vrai – méritait attention, avait demandé son avis, officiel cette fois et longuement mûri, à l'Académie des sciences elle-même. Le 16 décembre 1987, cette docte institution lui remettait les conclusions de son enquête. Parmi lesquelles je ne retiendrai que ceci : « La toxicité de la dioxine, établie et extrême chez le rat, n'a conduit à aucun accident grave chez l'homme. » Et : « Nous estimons même que *l'interdiction de commercialisation des appareils aux PCB, résultant de la directive européenne 467 de 1985, est une mesure précipitée et risquée...* » Conclusion qui étaie mes craintes de voir le Conseil de l'Europe, si l'on n'y prend très sérieusement garde, devenir, lui aussi, un lamentable « machin ».

---

* Addition faite en cours d'impression suite à une discussion avec C. Brodhag : les PCB, à froid, peuvent polluer les eaux et, ce faisant, les poissons, lesquels, consommés, seraient toxiques, mais sans avoir encore jamais fait de victime. Danger insignifiant, donc, pour autant qu'il existe. Mais utilisé sans vergogne par les alarmistes, écolos, entre autres.

Dans cette mise hors la loi des PCB, pyralène inclus, l'interaction, insuffisamment contrôlée, voire délibérément mal contrôlée, entre plusieurs types de pouvoirs a conduit à des décisions non justifiées et irréversibles. Mais elles s'appliquent néanmoins aux douze nations constituant l'Europe... Les pouvoirs en cause étaient, en l'occurrence, celui de la science, celui des médias – et, par leur intermédiaire, celui de l'opinion publique –, celui de la politique, celui de la finance, celui de l'industrie...

Pour des raisons que l'on peut supposer financières, des incidents relativement mineurs et n'ayant fait aucune victime ont donc été exagérés de façon abusive par presse, télévision et radios conjuguées. Les scientifiques se sont trouvés pris de vitesse par les événements et, comme c'est toujours le cas dès qu'une question incluant collectivités et connaissance scientifique se pose, deux catégories d'experts se sont révélées : ceux qui réellement l'étaient et ceux qui prétendaient l'être.

Pour des raisons assez obscures encore, les médias n'ont répercuté l'opinion que de ceux qui dénonçaient comme dangereux à l'extrême PCB, dioxines, furannes, pyralène, etc. Privée de toute information qui ne fût pas pessimiste, l'opinion publique, pouvoir important s'il en est, du moins en régimes démocratiques, ne pouvait que s'inquiéter davantage à mesure que s'amplifiait ce qui se révéla postérieurement une campagne d'alarmisme que je pense délibérée.

Par le bouche à oreille, par l'intermédiaire de ces « associations loi de 1901 » qui, pour le meilleur mais parfois pour le moins bon, prolifèrent en France, par celui des élus, l'opinion publique agit à son tour sur le pouvoir politique pour lequel, en démocratie, importe l'opinion de l'électeur. Et, sans chercher à en savoir plus ni mieux, le pouvoir politique trancha, condamnant définitivement des produits infiniment moins nocifs que quantité d'autres. Apparemment les scientifiques compétents n'ont pas été consultés. Ceux qui, parmi eux, ont tenté d'aller à contre-courant n'ont pas eu droit à la parole. Cela montre combien peut être relative la notion de démocratie et combien aussi il convient de vérifier toute affirmation avant de prendre, avant de laisser prendre une décision d'importance.

Je me demande d'ailleurs si, dans un cas fort semblable à celui des PCB, celui des CFC (les « fréons »), les hommes politiques, au plus haut niveau cette fois et non plus à celui de quelque ministre obscur, de quelque obscur député ou de quelque membre de cabinet plus obscur encore sinon moins ambitieux, ne se sont pas laissé entraîner – à Montréal, à Londres et enfin à La Haye – à prendre certaines mesures un peu hâtivement ? N'ont-ils pas cédé, bien facilement semble-t-il, à une nouvelle campagne où médias et scientifiques se sont engagés, l'un poussant l'autre et réciproquement, dans une accélération qui leur semble profitable ? Ont-ils eu conscience d'avoir quelque peu exagéré le danger, ou non ? Pour autant que danger réellement il y ait... Je parle des relations conflictuelles entre CFC et couche à ozone.

[illegible]

[illegible] une discussion importante.

[illegible] de quelque [illegible] La Havane [illegible]

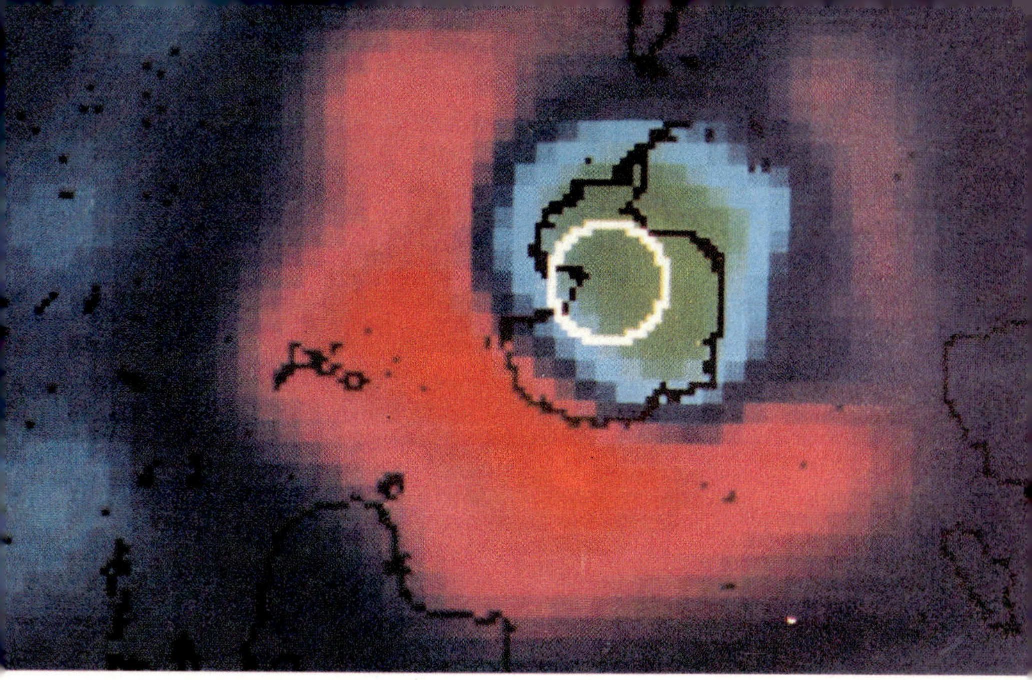

e « trou d'ozone » sur le continent antarctique.
hoto de satellite, en « fausses couleurs. » (© Gamma)

En fausses couleurs également, les algues de pollution dans l'Adriatique vénitienne.
(© *Duclos-Gamma*)

Vivre sur une montagne d'immondices...
(© *Neuveu-Gamma*)

La pollution de l'air des villes croît d'année en année.
(© *Saussier-Gamma*)

Déchets « encombrants ».
(© *Paget-Gamma*)

« Encombrants »...
(© *Mecca-Gamma*)

Sans commentaires...
(© Valla-Pitch et Leroy-Gamma)

Pollution des rivières, pollution de l'air,
pollution des âmes, pollution des esprits.
(© *Bellieud-Pitch*)

Incendie de forêts.
(© *Gellie-Gamma*)

Après...
(© *Bachofnet-Gamma*)

Ces eaux, naguère limpides...
(© *Le Chapelain-Pitch*)

Chapitre 9

De la couche à ozone

Je suis l'une des rares personnes, en France en tout cas, à avoir publiquement mis en doute que la couche à ozone soit réellement menacée, que cette menace soit essentiellement due aux chlorofluorocarbures, enfin qu'en interdisant ces derniers on mette fin au péril proclamé, c'est-à-dire que l'on interrompe les processus accusés de détruire cette désormais célèbre molécule O_3. Cela m'a valu quelques inimitiés nouvelles, ce qui, paradoxalement, désormais me conforte, mais aussi des discussions intéressantes et constructives.

Des corps chimiquement aussi stables, dans des conditions normales, que les CFC ne le sont plus du tout dans la haute stratosphère où la puissance des rayons ultraviolets, combinée à des froids extrêmes, les détruit et, ce faisant, libère le chlore sous forme de monoxyde ClO, lequel à son tour détruit les molécules d'ozone. Ce monoxyde de chlore agit en tant que catalyseur, c'est-à-dire qu'il sort indemne de la réaction $O_3 + O \rightarrow 2O_2$. Autrement dit, il en sort capable de briser une nouvelle molécule d'ozone. Cela non pas à l'infini, mais un nombre de fois suffisant pour que relativement peu de CFC détruise beaucoup d'ozone. Ce qui expliquerait pourquoi les molécules de CFC, qui sont de un à plusieurs millions de fois moins abondantes dans la stratosphère que celles d'autres polluants libérés par la combustion des charbons, des hydrocarbures et même du bois, sans parler du chlore vomi par les volcans, seraient les principales responsables de la destruction de l'ozone.

Je ne suis cependant guère convaincu qu'un risque catastrophique soit ainsi en train de s'accumuler et que la couche à ozone, qui nous protège dit-on des UV, soit en train de disparaître. Je n'y crois même pas du tout. Avant que les CFC ne les détruisent, comment s'étaient formées les molécules d'ozone ? Précisément par l'action du rayonnement ultraviolet sur l'oxygène, en formules simplifiées (à l'excès, selon M. Mégie) : $O_2 + O_2 + UV \rightarrow O_3 + O$. Sous l'action des CFC, l'ozone est détruit : O_3 + chlore du CFC sous forme $ClO \rightarrow O_2 + O$ + (chlore intact). Les molécules d'oxygène, O_2, et ses atomes O, que la destruction par CFC a engendrés, sont aussitôt à nouveau bombardés par ces puissants UV de la haute atmosphère. Ils devraient alors se recombiner en O_3. Réaction d'autant plus facile que le matériau est mieux approprié encore; au lieu de la réaction $O_2 + O_2 + UV \rightarrow O_3 + O$, on aurait tout simplement $O_2 + O + UV \rightarrow O_3$ [1].

Il existe plus de cent cinquante équations de réactions possibles, dans la stratosphère, entre les divers composants chimiques présents. Les alarmistes ont choisi les équations qui conviennent à leurs hypothèses mais sans pouvoir démontrer que ce sont bien celles-là qui se passent réellement là-haut.

Avant de s'engager davantage dans de fort dispendieux programmes de recherche, les responsables tant scientifiques que politiques devraient répondre clairement à cette question. Et se souvenir des précédents, PCB entre autres.

Par ailleurs, je n'ai pas été convaincu par la réponse que Gérard Mégie m'avait donnée, lors de la discussion organisée entre nous par *Le Nouvel Observateur.* Je lui avais demandé pourquoi le « trou » découvert dans la couche à ozone, trou qui a mis le feu aux poudres, pourquoi, s'il est réellement dû aux CFC, se trouve-t-il au-dessus du plus inhabité des continents, celui où les fréons sont à coup sûr le moins utilisés, l'Antarctique ? Les arguments – vortex polaire, froids extrêmes, « durée de vie » des CFC leur donnant le temps de diffuser de l'hémisphère nord où ils sont libérés jusqu'au sud de l'hémisphère austral – ne me semblent pas suffisants pour rendre compte d'un phénomène d'une telle ampleur et *que je persiste à croire naturel*

D'autre part, comment un produit fabriqué et utilisé *essentiellement* dans l'hémisphère nord exerce-t-il ses ravages *essentiellement* dans l'hémisphère sud, pis, au-dessus de l'immense désert qu'est l'Antarctique ? En réponse à mon étonnement, B. Mégie, l'un des chimistes les plus compétents en ce domaine, me répond que, les réactions chimiques en cause exigeant des températures très basses, c'est sur l'Antarctique qu'elles se déroulent. Il fait plus froid sur l'Antarctique que sur l'Arctique. Et il s'agit en effet d'un continent recouvert d'énormes glaciers, l'Arctique étant de la mer gelée, qui donc se déplace et fond et regèle continûment. Si une différence de quelques degrés explique qu'il n'y ait pas de « trou » au-dessus du Groenland ni, surtout, au-dessus de Verkhoïansk en Sibérie, pôle boréal du froid, c'est que les réactions invoquées sont vraiment conditionnées de façon bien étroite par la température... Ce qui est d'ailleurs possible, mais la preuve ne m'a pas encore été fournie qu'une demi-douzaine de degrés en plus ou en moins interdise ou permette au chlore de briser l'ozone.

De surcroît les températures qui, l'hiver, règnent à 15 ou 20 km d'altitude au-dessus de l'Antarctique sont de l'ordre de – 80 °C. A Verkhoïansk, quasi au niveau de la mer, elles sont inférieures à – 70 °C. J'ignore si l'on y a mesuré les températures hivernales à une vingtaine de kilomètres d'altitude, mais je présume qu'elles doivent être, à quelques degrés près, assez comparables à celles de l'Antarctique. Une différence de 4, 5 ou 6° suffit-elle pour que les réactions invoquées par les accusateurs du CFC se produisent, sur des millions de kilomètres carrés, au-dessus de l'immense désert austral, et soient par contre insignifiantes dans l'hémisphère boréal? D'autant que les températures peuvent varier de plusieurs dizaines de degrés d'un moment à l'autre de la journée – *a fortiori* de l'année –, et que les mesures ponctuelles exécutées à très hautes altitudes ne sont donc représentatives que dans une fourchette d'erreur de plusieurs degrés en plus ou en moins.

Mais je pense en géologue et en homme concerné par les climats. Pas en chimiste (fatalement, ne l'étant pas)...

Pensant de la sorte, je crois que les phénomènes météorologiques et les variations de l'activité solaire jouent un rôle important dans ces affaires d'ozone stratosphérique, ozone réputé très précieux, au contraire de l'ozone troposphérique, polluant engendré, entre autres, par les arcs électriques et les moteurs .

L'importance des phénomènes d'ordre météorologique dans les variations de la couche à ozone semble par ailleurs confirmée par des phénomènes tels que la décroissance soudaine, une dizaine de pour cent en vingt-quatre heures, de la quantité observée le 5 septembre 1987 sur une surface de plus de 3 000 000 km^2 près de la péninsule antarctique de Palmer. Comme l'écrit R. A. Kerr, l'un des spécialistes de ces questions, la chimie ne peut expliquer une chute aussi marquée survenue en un temps aussi bref. Et il suppose qu'une masse d'air pauvre en ozone a été transportée depuis une région où, à cause de l'altitude (et, dirai-je, peut-être aussi de la latitude), la quantité d'ozone est normalement plus basse. Décroissance de la couche à ozone qui, par conséquent, n'a rien à voir avec les CFC. Comment ne pas tenir compte qu'aux alentours des pôles

---

Au moment de corriger les épreuves de la 1re édition de ce livre, me parvient un article, paru dans *Newsweek* en février 1988, relatant qu'au terme d'une étude longue de quatre années sur la couche à ozone, une équipe scientifique de l'université du Kentucky, dirigée par l'astronome Frank Clark, avait conclu qu'étaient douteuses les théories actuelles sur les modifications de la teneur en ozone de la stratosphère. Clark suppose (et, sans l'avoir jamais lu, j'étais arrivé à la même conclusion) que l'activité du soleil, son cycle de onze ans et ses taches sont à l'origine des variations qui ont engendré les hypothèses à la mode de ces derniers temps.

la Terre reçoit beaucoup moins de rayons solaires, et des rayons moins « percutants », puisqu'ils arrivent presque rasants, et non de plein fouet comme dans les régions intertropicales, en raison de l'inclinaison de l'axe de rotation de la Terre ? Moins de rayons solaires, moins d'UV, moins d'ozone. Sans qu'il soit besoin d'aucun fréon.

Jacques Labeyrie, physicien et climatologue, me fait très justement remarquer que le trou d'ozone peut fort bien s'expliquer par les colossales cataractes d'air froid, air relativement dense, que les hautes pressions atmosphériques qui règnent sur l'Antarctique font plonger sur ce continent – et dont les célèbres vents catabatiques sont une manifestation perceptible pour ceux qui se trouvent là-bas. Ces descentes de masses énormes d'air froid – des milliers de kilomètres cubes – provoquent le soutirage de la couche à ozone, qu'elles aspirent et engloutissent comme une bonde ouverte le fait pour l'eau d'une baignoire.

En altitude, d'autres milliers de kilomètres cubes d'air sont du même fait entraînés vers l'Antarctique à partir des latitudes moins hautes, celles des « cinquantièmes hurlants » et des « quarantièmes rugissants », latitudes quasi entièrement océaniques. Lorsque ces océans ont connu un été plus chaud que la moyenne, la couche à ozone qui se trouve à leur aplomb est appauvrie en O_3 à cause des fortes ascendances d'air troposphérique correspondant à l'évaporation accrue des surfaces marines. Aussi, lorsque les masses d'air des latitudes relativement basses se trouvent ensuite entraînées, suite au phénomène des cataractes atmosphériques, vers les hautes latitudes antarctiques, sont-elles trop pauvres en O_3 pour que le « trou » catabatique puisse être colmaté.

Autres agresseurs possibles, les volcans : par l'envoi aux hautes altitudes de composés chlorés et autres, notamment des quantités énormes de CO_2, ils pourraient contribuer à la destruction de la couche à ozone, comme semblerait l'avoir montré, en avril 1982, l'éruption du Chichon au Mexique, et, en 1991, celle du Pinatubo aux Philippines.

D'autre part, diverses critiques ont été formulées par certains spécialistes à propos de la fiabilité des mesures servant à étayer l'hypothèse de la nocivité des CFC. Je n'ai pas les compétences permettant de m'immiscer dans ce genre de discussion. Simplement je la signale à l'attention, de même que l'opinion de plusieurs de ces spécialistes selon lesquels la destruction de l'ozone serait provoquée non seulement par le chlore des CFC mais aussi – et peut-être même surtout – par les émissions de gaz engendrés par la combustion, chaque année, de 3 à 4 milliards de tonnes d'hydrocarbures : il peut paraître surprenant, en effet, qu'à peine quelques centaines de milliers de tonnes de CFC fassent plus de mal que des milliards de tonnes de CO, CO_2, SO_2, NO_x et hydrocarbures non brûlés... Et, à propos de CO_2 surtout, mais aussi de SO_2 et de chlore, les volcans en dégagent chaque année des milliards de mètres cubes.

Je me demande si l'on n'accuse pas les CFC de détruire la couche à ozone pour des raisons plus économiques, voire politiques, et même politico-scientifiques, qu'écologiques. Mais ce sont exclusivement ces dernières qui servent de prétexte. Cette destruction de l'ozone, continuellement suivie de sa reconstitution, résulte au moins autant de phénomènes naturels – déplacements de masses d'air, variations de l'activité solaire, éruptions volcaniques – que de l'action d'autres polluants engendrés par l'activité humaine, oxydes de carbone, de soufre et d'azote surtout.

Or ces derniers, une fois de plus, ne sont pas mis en cause par les hauts représentants des quelque trente nations qui se sont réunis à Montréal en 1987, des quelque cent vingt à Londres le 5 mars 1989, j'ai oublié combien à La Haye le 11 mars 1989 et des cent quatre-vingts présents à la grande foire environnementale de Rio, en 1992... Pourquoi aussi aucune des matières, gazeuses ou liquides, inflammables, explosibles ou toxiques, qui non seulement polluent l'atmosphère mais de surcroît tuent chaque année des milliers et des milliers de personnes de par le monde, pourquoi n'ont-elles pas été mises en cause, elles non plus, par les écolos et les politiciens qui avaient, il y a peu, condamné sans appel et sans raisons avouables les inoffensifs PCB en général et le pyralène en particulier? Et qui, aujourd'hui, condamnent les CFC. Pourquoi?

Je ne m'aventurerai pas pour le moment à essayer de répondre. Mais la question a de quoi troubler. De même que me trouble l'attaque générale concentrée sur les seuls

CFC. Je ne prétends pas que ceux-ci soient innocents : la discussion que j'ai eue avec le professeur Mégie et la lecture ensuite d'une cinquantaine d'articles parus dans *Science* et dans *Nature* m'ont convaincu de leur activité destructrice sur l'ozone stratosphérique. Mais je suis étonné que ne soient même pas évoqués, à l'occasion de cette campagne, ni par les scientifiques ni par les politiciens, pas plus que par les médias, les polluants, des millions de fois plus abondants, qui attaquent sans doute eux aussi cette pauvre couche à ozone... *Et surtout que ne soit pas mentionné, jamais, que l'ozone est régénéré à partir de ses propres restes (l'oxygène) aussitôt que l'irradiation solaire est suffisante.*

Pourquoi, aussi, les très grosses compagnies industrielles qui fabriquent les CFC, aux États-Unis, en Europe, au Japon, qui sont tellement puissantes et d'ordinaire tellement promptes à se défendre, pourquoi n'ont-elles pas demandé de réponse à certaines questions telles que : pourquoi les oxydes de combustion, dont la quantité est plusieurs millions de fois plus élevée que celle des CFC, n'ont-ils pas été eux aussi interdits à Montréal, à Londres et à La Haye ? *Pourquoi n'admet-on pas que la localisation du « trou » sur l'Antarctique pourrait s'expliquer d'une part par l'obliquité très marquée des rayons solaires, autrement dit par l'insuffisance d'énergie ultraviolette, indispensable à la formation de l'ozone aux dépens de l'oxygène, d'autre part par les trois mois d'absence de rayonnement solaire ?* Sans compter ces cataractes d'air froid qu'évoque Jacques Labeyrie. Personnellement, je pense qu'il en est ainsi, ce qui signifie que le fameux « trou » est d'origine naturelle et se trouve là de toute éternité géologique. Cette absence de combativité surprend de la part des très importantes compagnies qui fabriquent les CFC et dont la passivité n'est pas d'habitude la caractéristique essentielle...

Robert Andurand, l'un des trop rares experts à mériter cette appellation, par trop galvaudée comme je l'ai rappelé plus haut, m'a appris que n'importe quel pays où existe un lycée préparant un bac de technicien chimiste est aujourd'hui capable, une fois maîtrisée la fabrication de HF (acide fluorhydrique) anhydre, de fabriquer des CFC. C'est dire que la situation de monopole en ce domaine est désormais révolue. Or, une fois les CFC interdits, il faut trouver par quoi les remplacer, c'est-à-dire un autre composé chimique ayant si possible les mêmes qualités que les chlorofluorocarbures mais sans le vice qu'universellement aujourd'hui on leur reproche, celui de menacer notre sacro-sainte couche à ozone, non plus que le vice, que l'on tait soigneusement, de pouvoir être fabriqué partout et par n'importe qui : l'interdiction des CFC n'est peut-être pas une mauvaise affaire pour tout le monde.

Les multinationales, en effet, qui se sont trouvées en situation de monopole aussi longtemps que la fabrication ne pouvait être conduite par d'autres, sont sans doute seules à disposer des moyens, financiers et scientifiques, pour fabriquer la future « molécule miracle » de substitution aux CFC. Et elles retrouvent, ne serait-ce que pour quelques décennies, le privilège du monopole. Il faut savoir que le marché du remplacement du CFC, par quelque hydrofluorocarbure par exemple, est de l'ordre de 2 milliards de dollars sur vingt ans... La campagne anti-CFC me rappelle donc fort celle victorieusement menée contre les inoffensifs PCB (et, en 1970-1972, contre le DDT). L'une comme l'autre me donnent l'impression, peu plaisante, de vastes opérations montées pour des raisons moins environnementales que financières, donc politiques, et cela sur la base de rumeurs d'origine scientifique.

Comme toutes les rumeurs, celles-ci ne sont pas contrôlées parce que incontrôlables, ou le sont insuffisamment. Par contre, elles sont claironnées par les médias de toute espèce et dès lors considérées non plus comme des hypothèses – ce que, vraies ou pas, elles sont – mais comme des certitudes – ce qu'elles ne sont nullement. Tout responsable digne de ce nom qui se soucie de la sécurité des populations, de l'environnement et des intérêts économiques de la nation doit analyser très sérieusement cet aspect du problème. Car les sommes investies dans des batailles gigantesques contre des moulins à vent ne sont plus disponibles pour lutter contre les ennemis réels. Et proches...

Ces sommes sont pour le moins respectables, comme l'écrivait, dans le numéro de janvier à mars 1989 de la revue trimestrielle *Pollution atmosphérique*, le Dr Michel Sommer, président d'honneur de l'Association pour la prévention de la pollution atmosphérique : « Le temps des études isolées, des budgets nationaux restreints est révolu... Tous les scénarios (à propos des problèmes d'effets de serre et de trous d'ozone, que ce soit dans un cadre national, international ou supranational) élaborés à partir de modèles mathématiques laissent naturellement une marge d'incertitude non négligeable qui ne doit en aucun cas servir de prétexte à l'absence de décisions, même si elles sont parfois sévères au plan économique. Deux conditions doivent être remplies pour les rendre acceptables : qu'elles soient prises au niveau international le plus large et qu'elles s'accompagnent obligatoirement d'une activation de la recherche, c'est-à-dire d'un dégagement des crédits nécessaires. [...] Il est intéressant de noter sur ce point la position réaliste de la Commission des communautés européennes qui, dans une communication au Conseil sur l'effet de serre et la Communauté [...] propose un financement à hauteur de 6 millions d'écus. »

Quarante à quarante-cinq millions de francs, distribués par la CEE, s'ajoutant donc aux budgets nationaux, et consacrés à la recherche de produits nouveaux, cela pourrait aider à comprendre pourquoi certains chercheurs se disent tellement effrayés par les trous de la « couche d'ozone » et par l'effet de serre : s'ils ne sont pas réellement effrayés, ils sont en tout cas intéressés...

Or, ces opérations mobilisent l'opinion publique pour une guerre, conduite médias battant, contre ce que je crois n'être que des leurres. En ce qui concerne les PCB, j'en suis convaincu car la preuve de l'inocuité a été faite de ces fluides prétendument mortels. La menace sur l'ozone ainsi que l'effet de serre me semblent l'être tout autant.

De la couche à ozone

Destinées à mobiliser pour des combats parfois douteux les forces disponibles – morales certes mais surtout financières –, de telles opérations entravent jusqu'à l'empêcher toute lutte sérieuse contre les vraies pollutions, celles de la basse atmosphère, celles des eaux, celles des sols, agresseurs beaucoup plus redoutables et plus immédiats d'un environnement déjà gravement malade.

Chapitre 10

Du prétendu effet de serre

Les pollutions, dont certaines seront bientôt irréversibles, sont bien connues des politiciens et des journalistes, des scientifiques et des écolos. Mais presque tous se laissent aveugler par le syndrome chinois ou par l'effet de serre, par les PCB ou par les CFC. Et ils oublient, ou du moins négligent, la pollution de l'atmosphère des grandes villes, qui rend malades des populations de plus en plus nombreuses. Ils oublient et négligent la pollution des eaux, douces comme amères, ce qui demain signifiera cataclysmes. Ils oublient ou négligent la pollution des terres agricoles, qui va mener à des famines d'envergure effrayante. Ils oublient ou négligent la pollution par les déchets industriels, les déchets urbains, les déchets agricoles, les déchets hospitaliers, du sol sur lequel vit une humanité de plus en plus abondante, de plus en plus vulnérable, de plus en plus susceptible d'exploser. Ou d'imploser...

L'effet de serre est pour le moment à la mode. Pour autant qu'il existe, je ne le crois cependant pas redoutable du tout. Il n'est pas démontré que la température globale croisse de façon significative : l'augmentation observée durant ce siècle, pour autant qu'elle aussi existe, ce qui ne peut être démontré, mais admettons-la, est inférieure à un demi-degré... Et *l'augmentation de la teneur de l'atmosphère en CO_2 ne peut guère, contrairement à ce que certains prétendent, réchauffer de façon sensible ni la troposphère ni, surtout, les mers et le sol. Moins encore, faire fondre les glaciers.*

Lorsque je dis, parlant de l'effet de serre, « pour autant qu'il existe », j'entends effet de serre dans la signification alarmiste que, depuis quelques années, l'on attribue à cette expression. Celle qui rend responsables quelques gaz rares, présents dans l'air à des concentrations dont le total est inférieur à 0,04 % (quatre pour dix mille, quatre grammes pour dix kilos), et leur donnerait le pouvoir, si leur taux augmentait, de changer les climats, de faire fondre les glaciers et, ainsi, de faire monter le niveau des mers jusqu'à l'engloutissement de cent mille cités côtières. Je vais tenter de démontrer que, dans cette acception récente du terme, l'effet de serre n'existe pas.

Une espèce d'effet de serre existe et, peut-être, une seule : l'effet de serre naturel, celui qu'ont, depuis la création du monde, vapeur d'eau, nuages, gaz carbonique, méthane, ozone, etc., de retenir dans la basse atmosphère (et dans le sol et les eaux superficiels de la planète) une partie de la chaleur qui tombe du soleil. S'il n'y avait pas d'atmosphère, toute cette énergie serait réfléchie par la surface terrestre, renvoyée dans le cosmos, et il ferait fort froid sur Terre. Les spécialistes ont calculé que cet effet de serre représente un réchauffement moyen de 33°, c'est-à-dire que si notre atmosphère bien spécifique (78,08 d'azote, 20,94 d'oxygène, 0,93 d'argon, 0,03 de gaz carbonique et, pour les 0,02 qui restent, quelque 25 parties par million, de néon, hélium, krypton, xénon, hydrogène, méthane, propane, oxydes d'azote et ozone), si cette atmosphère n'existait pas, au lieu des 15 °C de température moyenne à la surface de la Terre, il y ferait 18 °C sous zéro. Ce sont là les chiffres que les spécialistes nous donnent.

L'effet de serre, heureusement pour nous, êtres vivants, existe. Mais ce n'est pas celui dont parlent certains écologistes et les hommes politiques qui se sont réunis pour en débattre, en 1989 à Londres, en 1992 à Rio, ni les media, ni les scientifiques qui sont à l'origine de ces grandes craintes de l'an 2000 : c'est d'un effet de serre qui serait venu tout récemment se surajouter au premier, un effet de serre anthropogénique dont les conséquences seraient dramatiques à l'extrême et qu'il faudrait donc stopper au plus tôt. Et, pour mieux savoir comment le stopper, il convient d'en étudier le mieux possible les causes, chimiques, physiques, climatiques, cosmiques, ce qui suppose des crédits d'envergure pour les laboratoires et les instituts qui souhaitent s'y consacrer.

Je suis entièrement d'accord sur l'intérêt scientifique de telles études, mais pas au détriment d'autres programmes de recherche. Je ne suis pas d'accord non plus sur la nécessité qu'il y aurait de réduire, à frais colossaux, le débit de certains gaz rares d'origine humaine (industrielle ou non). Je ne m'associe nullement, en effet, à l'alarmisme de mode à ce sujet.

Je ne crois pas à ces menaces pour plusieurs raisons dont la principale est que le réchauffement des climats comme leur refroidissement dépendent avant tout et en majeure partie de facteurs astronomiques régis les uns par les lois de Milankovitch, les autres par les variations de l'activité du Soleil. Mais aussi parce que les arguments scientifiques avancés pour défendre la thèse d'un réchauffement proche à conséquences cataclysmales ne me semblent pas convaincants.

Comme le fait remarquer le thermodynamicien N. Awerbuch le réchauffement annoncé – un à deux degrés au plus par siècle – n'influencera *en rien* les températures polaires qui, à 2000 m d'altitude, vont de – 20 à – 80 °C : les calottes glaciaires du Groenland et de l'Antarctique ne perdront pas un litre de leur glace si la température des hautes latitudes s'élève de trois ou même de cinq degrés. Ce qui d'ailleurs est improbable.

Le simple bon sens, que certains scientifiques dédaignent, montre que les masses d'air torride, les vents les plus chauds, provenant des déserts du Sahara, d'Australie ou d'Arabie, vents dont la température peut dépasser + 60 °C à l'ombre (quelle ombre?), n'ont jamais fait fondre les glaces de l'Arctique pas plus que celles de l'Antarctique. Tout simplement parce que ces masses d'air perdent leurs calories durant les longs parcours qui les amènent jusqu'aux latitudes tempérées, qu'elles ne peuvent d'ailleurs franchir : elles n'atteignent *jamais* les cercles polaires que par diffusion lente et *à températures très basses.*

Les masses d'air tropical ne vont d'ailleurs pas des tropiques vers les zones polaires mais, obéissant aux lois de la thermodynamique et à celles, mécaniques, qui régissent les courants de l'atmosphère d'une planète en rotation, elles se déplacent en gros de nord-est en sud-ouest dans l'hémisphère nord et de sud-est en nord-ouest dans l'autre avec – force de Coriolis oblige – déviation progressive les éloignant de l'équateur vers une direction méridienne et, ensuite, retour vers l'est : non seulement ces masses d'air chaud se refroidissent, et même très vite, au long de leur traversée des océans, mais elles ne parviennent pas, en tant que masses chaudes, aux calottes de glace qui se trouvent où elles sont depuis des millions d'années. Et y demeureront, sans guère de doute, autant.

Les alizés, vents constants s'il en est, soufflent depuis les hautes pressions subtropicales vers les basses pressions de la zone équatoriale. Non des tropiques vers les régions polaires. Quant aux contre-alizés, à une altitude de 10 à 15 km, non seulement ils ne sont plus des vents chauds, mais ils ne dépassent guère les latitudes trente, soit plus de 3 000 km en deçà des calottes polaires dont la fusion, claironnée par tant d'alarmistes, signifierait l'engloutissement de Londres, Marseille, Amsterdam et Tokyo, de New York, Buenos Aires, Sydney et Los Angeles, sans parler de milliers d'autres cités.

Ne croyez pas aveuglément ceux qui annoncent une effroyable montée des eaux marines. Ne les croyez pas, quels que puissent être leurs titres académiques. Moimême je leur avais fait confiance naguère. Jusqu'au jour où je me suis décidé à approfondir la question. Je me suis rendu compte alors que j'avais été berné par des raisonnements pseudo-scientifiques, comme je l'avais été pour la dioxine de Seveso.

Les grands changements de climat, en vérité, ceux qui font alterner l'extension des glaciers et leur fonte, ne sont pas liés à la composition chimique de l'atmosphère, pollutions incluses (et c'est un ennemi juré, et actif, des pollutions qui l'écrit) mais, comme l'avait démontré il y a un demi-siècle de cela Milutin Milankovitch, aux variations d'inclinaison de l'axe de rotation de la Terre sur l'écliptique, aux variations de l'excentricité de l'orbite de révolution de la Terre autour du Soleil, et aux variations de la direction de son axe de rotation autour de la perpendiculaire au plan de l'écliptique (la précession des équinoxes). Milankovitch l'avait mathématiquement démontré et la radiochronologie l'a confirmé. Il est vraisemblable que, de surcroît, l'activité propre du Soleil, son fameux cycle de onze ans en premier, influe peu ou prou sur les variations climatiques.

Les scientifiques alarmistes affirment donc, de façon péremptoire, que le très léger réchauffement constaté (constaté par eux, nié par d'autres spécialistes) en ce siècle proviendrait d'un effet de serre nouveau, qu'ils prétendent faire dépendre de la teneur, infime (environ 3 pour 10 000 en tout), en CO_2, CH_4, oxydes d'azote et, bien sûr, les très odieux CFC. L'argument alarmiste que très, très peu de CO_2 ou de CFC serait beaucoup plus efficace dans le piégeage de l'énergie thermique renvoyée vers le ciel par la surface terrestre que ne le sont la vapeur d'eau et les nuages ne me convainc nullement. La quantité de CFC (par exemple) est de trois ordres de grandeur inférieure à celle du CO_2, laquelle est de deux ordres de grandeur inférieure à celle de l'eau. Or l'eau atmosphérique joue, dans l'effet de serre *naturel*, le rôle essentiel. Depuis quelques milliards d'années, ces molécules, l'eau surtout et le CO_2 naturel, piègent une partie de la chaleur réverbérée par la surface terrestre. Personne ne nie qu'un accroissement de la température de la troposphère et, partant, du sol en résulte. Mais rien jusqu'ici n'a prouvé que cet accroissement était plus qu'insignifiant.

L'effet de serre de l'an 2000 constitue le *deus ex machina* des savants alarmistes pour affirmer que les quatre dixièmes de degré que l'atmosphère aurait gagnés en ce siècle lui sont dus, autrement dit que les 0,03 % de « gaz à effet de serre » sont responsables du réchauffement prétendument mesuré. Or ils savent parfaitement que le climat se réchauffe depuis une dizaine de millénaires, lorsque débuta l'interglaciaire qui succédait à la glaciation de Würm. Depuis, ce réchauffement se poursuit sans désemparer, sauf de brèves périodes de refroidissement qui durent quelques années, quelques décennies, parfois un siècle ou deux. Mais en dehors de ces indentations, menues sur la courbe générale, celle-ci s'élève de façon régulière. Et, s'ils sont réels, les quatre dixièmes de degré de ce siècle s'inscrivent dans ce phénomène que contrôlent, exclusivement, des paramètres astronomiques. Et non pas, ou seulement de façon insignifiante, les 0,035 % de CO_2, les 0,0002 % de CH_4, les 0,00004 % d'ozone qui « polluent » l'atmosphère.

Cet effet de serre anthropogénique, auquel je ne crois pas plus qu'au péril que représenterait l'extension du trou d'ozone antarctique, pas plus non plus qu'à l'apparition d'autres trous d'ozone au-dessus de nos précieuses têtes occidentales, cet effet de serre me semble tout simplement impossible parce qu'est erroné, selon moi, le raisonnement qui a permis cette hypothèse nouveau-née.

Ce raisonnement s'appuie sur le fait que, durant chacune des grandes glaciations du quaternaire (c'est-à-dire au cours de ces derniers 700 000 ans), l'air contenait 20 à 25 % de CO_2 de moins que durant les périodes interglaciaires (dont l'actuelle) et que, d'autre part, sont en train de croître en ce siècle et la température moyenne de l'atmosphère et sa teneur moyenne en gaz carbonique.

Cela permet de dire que la croissance du CO_2 induirait celle des températures. Laquelle, si elle se prolonge, conduirait inéluctablement à la fonte, partielle pour les savants qui, croyant à l'effet de serre, sont néanmoins optimistes, totale pour ceux qui ne le sont pas, des vastes calottes glaciaires des régions polaires. Les carottes forées dans cette glace montrent en effet que taux de CO_2 et température ont augmenté et ont décru parallèlement au long des âges géologiques et l'on en a déduit que le premier déterminait la seconde. Ce taux augmente aujourd'hui, et la température de l'atmosphère, disent-ils, ne peut donc qu'en faire autant. Comme le CO_2 d'origine anthropique est produit en quantités elles aussi croissantes, la température ne pourra forcément qu'augmenter, jusqu'à faire fondre les glaciers polaires. Sauf si l'on parvient à réduire la production de CO_2 et autres méthanes et chlorofluorocarbures.

Sérieux, parfaitement logique, s'appuyant sur des mesures irréfutables, ce raisonnement, tenu par les scientifiques qui redoutent un réchauffement du climat aboutissant à la submersion de tous les littoraux du monde et de toutes les cités qui s'y trouvent, a convaincu l'immense majorité des gens – dont tous les hommes politiques – et les a amenés à accepter les prédictions apocalyptiques engendrées par le concept « effet de serre » lié à la teneur croissante en gaz carbonique de l'air.

Ces mêmes chiffres, ces mêmes mesures permettent cependant une interprétation diamétralement opposée, dont les conclusions sont aussi rassurantes que sont alarmantes les autres. Je pose la question : est-ce la concentration en CO_2 qui, par effet de serre, provoque le réchauffement climatique ou est-ce le réchauffement qui provoque l'augmentation de CO_2? Autrement dit, qui engendre l'autre, l'œuf ou la poule? Au raisonnement alarmiste j'oppose son inverse : la température de l'atmosphère n'a pas été conditionnée par la teneur en gaz carbonique d'origine naturelle lors des glaciations et des âges interglaciaires mais, au contraire, elle a régi la quantité de CO_2 atmosphérique.

Qu'est-ce qui m'autorise à m'aventurer ainsi jusqu'à contredire certains spécialistes de très haut niveau, glaciologues, climatologues, océanologues, atmosphériciens? Tout d'abord les lois découvertes par Milutin Milankovitch, ensuite le fait que l'effet de serre est dû essentiellement à la vapeur d'eau présente dans l'atmosphère (son humidité). Les lois de Milankovitch démontrent mathématiquement que ces alternances des glaciations et des périodes interglaciaires répondent parfaitement aux variations des trois paramètres astronomiques que je cite à nouveau : l'inclinaison de l'axe de rotation de la Terre sur le plan de l'écliptique, qui varie de 22° à 25° en 41 000 ans, le degré d'excentricité de l'orbite de révolution de la Terre autour du Soleil, qui va de 0 à 6 % en 100 000 années environ, et la précession des équinoxes, 21 000 ans pour faire effectuer un tour complet de l'axe de rotation autour de la perpendiculaire au plan de l'écliptique.

A l'inclinaison de l'axe de rotation correspond l'angle sous lequel les rayons solaires frappent la surface terrestre : plus ils lui sont perpendiculaires, plus ils la chauffent, plus ils lui sont obliques, moins ils le font. L'excentricité joue, elle, un rôle évident : plus l'orbite est circulaire, plus la Terre, tout le long de l'année, est proche du Soleil, et plus grande est la quantité de chaleur qui lui parvient; plus au contraire, parce que l'ellipse de révolution s'est étirée, nous sommes éloignés du Soleil et moins nous recevons de cette indispensable chaleur.

La découverte de Milankovitch, qu'après un demi-siècle d'oubli, voire de dépréciations peu plaisantes, la totalité des astronomes reconnaît enfin aujourd'hui, lui avait permis de calculer les dates où avaient débuté puis s'étaient achevées les périodes glaciaires du passé. Et aussi celles du futur. C'est à l'astronome belge André Berger et à l'Américain John Imbrie que l'on doit la résurrection des idées de Milankovitch. Car l'invention de la géochronologie, c'est-à-dire la détermination de l'âge des roches par diverses méthodes basées sur la radioactivité, leur a permis de démontrer que les dates calculées par le génial astronome serbe étaient exactes. Comme la géochronologie ne remonte pratiquement qu'à une trentaine d'années, on comprend le trop long scepticisme de ceux des spécialistes que les affirmations de Milankovitch jadis agaçaient...

Cela me fait penser au scepticisme actuel des sismologues en ce qui regarde la méthode VAN de prévision des tremblements de terre : demain, tout le monde l'applaudira...

Si ce sont des causes astronomiques qui expliquent le réchauffement du climat, j'en tire la conclusion que c'était le réchauffement qui, durant les interglaciaires, avait autorisé l'augmentation de la teneur de l'air en gaz carbonique. Et non l'inverse. Mais ce raisonnement est d'une simplicité qui ne plaît guère aux esprits que seule la complexité excite.

A un moment géologique quelconque, tel celui que nous vivons aujourd'hui, la vie végétale et, surtout, animale, productrice d'énormes volumes de CO_2, foisonne aux latitudes équatoriales, humides et chaudes, alors qu'elle est quasi inexistante aux hautes latitudes circumpolaires. Le froid des périodes glaciaires entravait le développement de la vie sur la majeure partie de la planète cependant que la chaleur des interglaciaires permettait une expansion immense et un foisonnement qui expliquent, parfaitement, la croissance (25 %) du CO_2 atmosphérique. Chaleur → vie animale → CO_2. Des entomologistes spécialisés ont découvert que les termites fabriquent à elles seules autant de CO_2 que toute l'activité industrielle humaine...

Chacun admet aujourd'hui que réchauffements et refroidissements du climat dépendent des lois de Milankovitch. Il n'est donc guère rationnel d'accuser le gaz carbonique d'être responsable de la montée actuelle, environ 0,5 °C par siècle, de la température de l'atmosphère : changements de climat, fonte ou extension des glaciers d'altitude et des calottes polaires, montée ou abaissement du niveau des mers n'ont rien à voir avec la pollution, que ce soit par le CO_2, le méthane, les oxydes d'azote, les fréons ni aucun des innombrables gaz, naturels ou anthropogéniques, qui troublent la pureté de l'air. Et, par conséquent, le prétendument redoutable « effet de serre » n'est nullement à redouter.

L'autre argument de poids est le fait que l'effet de serre, naturel et amplement vérifié, est dû à l'humidité de l'air, c'est-à-dire à la vapeur d'eau qui s'y trouve en *quantité très variable*, variable dans le temps et variable dans l'espace. Les météorologistes attribuent à cette vapeur d'eau 98 % de l'effet de serre, les 2 % restants étant répartis entre le CO_2, le CH_4, etc. Les gaz de l'air, azote, oxygène, argon, CO_2 sont répandus de façon *parfaitement homogène*, grâce à leur fluidité élevée et aux vents qui brassent continuellement l'atmosphère. Les trois pour dix mille de gaz carbonique se retrouvent des pôles à l'équateur et du niveau de la mer jusqu'au-dessus de l'Himalaya. Si donc effets de serre différents l'on constate, ce n'est pas au CO_2 qu'ils répondent mais à quelque autre gaz dont les proportions varient en fonction des lieux et du temps. Et ce gaz, c'est la vapeur d'eau.

Le géologue océanographe norvégien Eric Olausson, professeur émérite à l'université de Gotenburg, a d'autre part développé une théorie expliquant que, sur le long terme, c'est la température (de l'atmosphère) qui régit la teneur en CO_2 de l'air et non l'inverse. Et ceci non seulement par la multiplication des animaux mais aussi des teneurs en CO_2, lesquelles dépendent de la température des eaux océaniques : plus il fait froid, plus ces eaux dissolvent de CO_2 et plus elles deviennent acides; plus elles sont acides, plus elles dissolvent de sédiments calcaires amenés par les fleuves et épandus sur les fonds océaniques...

Dormez donc en paix, frères humains qui d'aventure me lirez. Mais réveillez-vous, car le tocsin sonne : nullement fictives celles-là, des menaces pèsent sur nous, pollution de l'air des grandes villes et des cités industrielles, pollution des eaux, de toutes les eaux, pollution des terres par les ordures et les déchets de toute espèce, terres habitées évidemment mais aussi, hélas! désertes. J'ai, moi aussi, quelques « grandes peurs » pour l'an 2000, nullement fictives celles-là, et les premières ce sont les pollutions. Les secondes, les possibles sorcelleries que le génie génétique pourrait engendrer. Et la guerre.

Mais ni les trous d'ozone ni l'effet de serre!

Chapitre 11

Des gros et des maigres

Le cinéma qui nous est fait depuis quelques années à propos de la couche à ozone et de l'effet de serre me semble, en partie du moins, destiné à distraire l'opinion, ce pouvoir certain mais insuffisamment informé, des problèmes véritables et très graves de la pollution immédiate.

Mais la distraire pourquoi ? Je ne me hasarderai pas à essayer de répondre. Pas encore du moins. Ces pourquoi, je ne les connais pas vraiment et ne puis que les soupçonner; une étude sérieuse, longue et sans doute difficile serait nécessaire pour débrouiller le nœud des causes et motivations imbriquées. Si les présomptions existent, les preuves ne sont pas faciles à rassembler et les poursuites judiciaires pour diffamation menacent, bouclier efficace qui protège les filous, tant ceux de la finance que ceux de la politique, ceux du monde littéraire que ceux du microcosme scientifique. L'ombre de telles poursuites empêche de dire publiquement ce que l'on pense, et même ce que l'on sait, de certains agissements et de certaines attitudes.

En réclamant la liberté, l'égalité et la fraternité, la Révolution de 1789 avait soigneusement oublié la seule revendication essentielle, revendication première pour quiconque souhaite une société vraiment civilisée : la justice. Justice au sens plein du mot, judiciaire certes mais tout autant sociale, distributive, fiscale... Ces lacunes de la Justice favorisent les escrocs, pour peu qu'ils soient assez intelligents – et tout bon escroc est intelligent – pour ne pas laisser de preuves écrites de leur malhonnêteté. Ou, sinon, pour se faire protéger par le pouvoir, plus ou moins paralysé dans ses velléités de justice par l'éternel chantage : je te tiens, tu me tiens par la barbichette...

Ceux qui s'attaquent aux pollutions doivent surmonter des difficultés multiples : d'ordre technologique (comment ne pas polluer, comment se débarrasser des millions de tonnes de déchets annuels) ; d'ordre financier (la guerre coûte cher, même si l'ennemi n'est *que* la pollution) ; d'ordre politique (il n'était guère électoralement payant, jusqu'à la récente percée politicienne des Verts, de s'occuper de ces questions autrement qu'en « paroles verbales ») ; d'ordre socio-psychologique.

Les « décideurs », qu'ils le soient par le superpouvoir que signifie l'argent ou par le pseudo-pouvoir que confère l'élection, ou qu'ils disposent de ces deux couronnes à la fois, les « décideurs » jusqu'à présent n'ont guère eu à pâtir personnellement de ces diverses pollutions : ils n'habitent généralement pas sous le vent d'un complexe chimique ou d'une décharge publique, « contrôlée » ou

« sauvage », ils vivent rarement dans l'un de ces immeubles, à loyer modéré ou immodéré peu importe, bâtis dans une atmosphère où gaz d'échappement et suies diverses remplacent progressivement l'oxygène, et où l'agression sonore des véhicules à moteur est telle que de temps à autre un habitant, exaspéré, abat un fauteur de bruit abusif...

Les privilégiés que nous sommes, intelligentsias et nomenklaturas de tous pays confondus, ne sont jamais qu'effleurés par ces nuisances, que ce soit dans nos appartements fort plaisants, même en plein cœur de Paris, de New York, de Tokyo ou d'ailleurs, ou dans nos paisibles et tout aussi plaisantes « datchas », ces « résidences secondaires » dont le calme, l'air pur et le paysage nous reposent de nos confortables « résidences principales »; que ce soit même dans nos bureaux bien conditionnés, dans nos laboratoires bien fonctionnels, ou encore dans nos voyages, brefs ou longs, qui relèvent davantage du déplacement de quelque seigneur dont le sourcil se fronce au moindre déplaisir que du métro et du train de banlieue aux heures de pointe, voire des stupéfiants autobus, tramways ou trolleys des monstrueuses et misérables mégapoles du tiers monde...

Les privilégiés devraient avoir conscience de leurs privilèges, et s'ingénier à réduire le fossé qui les sépare des infortunés. Et ils devraient le faire de façon que l'infortune s'atténue, sans pour cela, s'ils sont honnêtes, avoir mauvaise conscience de leurs privilèges. Car cette mauvaise conscience n'améliorerait en rien la condition des déshérités. Même lorsque nous sommes authentiquement charitables, nos égoïsmes ont fait que des milliards d'infortunés dans les pays sous-développés, les pays en cours de développement ou les pays sur les voies de la décadence (les nôtres), en arrivent à vivre non plus dans la seule misère de toujours et toujours présente mais, de surcroît, dans les immondices que nous sécrétons et dans celles que, par soif de profits, notre « société de consommation » amène ces misérables à eux aussi sécréter. On ne demande pas aux nantis d'absurdes et inutiles sacrifices : « Lorsque les gros maigrissent, les maigres meurent de faim », dit un dicton du tiers monde...

Les rares « protecteurs de la nature » d'antan ne soulevaient guère l'intérêt des foules et les « défenseurs de l'environnement » prêtaient naguère à sourire plus souvent qu'à réfléchir. Si les choses ont évolué et si cette évolution va s'accélérant, c'est que les nations riches ont senti le vent du boulet, c'est que la croissance exponentielle des nuisances, engendrées par notre société du gaspillage délibéré, a atteint un niveau suffisant pour incommoder jusqu'aux nantis eux-mêmes. Et lorsque les nantis se trouvent incommodés, ils ouvrent les yeux sur des problèmes qu'ils préféraient ignorer, quelque cruciaux qu'ils soient. Et, nantis, ils possèdent les moyens d'agir. Cela explique la montée des Verts dans tous les pays riches, et seulement dans ceux-là. Cela explique aussi les soucis que ces contestataires font naître chez les élus et les têtes politiques avec, pour résultat, le prétendu intérêt que ces derniers manifestent soudain pour un environnement dont jusque-là ils se moquaient. Voire se gaussaient.

Un exemple : celui des « marées noires ». Aussi longtemps que celles-ci ne massacraient que les côtes considérées comme sub-sous-développées, bretonnes par exemple, les tout-puissants (parce que les plus riches) États-Unis d'Amérique ne s'en informaient que distraitement, aussi distraitement que l'Européen moyen s'informe des famines d'Afrique ou de la misère de partout. Mais à peine une marée noire s'est-elle produite sur les sacro-saints rivages des États-Unis, en l'occurrence ceux de l'Alaska, superbes d'ailleurs et qui m'ont toujours enchanté, et voilà soudain pris en considération prioritaire par Washington ce risque jusqu'alors dédaigné... La marée noire qui a pollué l'Alaska, d'envergure bien moindre que celles qui ont, ces dernières années, pollué les côtes bretonnes, aura (merci à un capitaine saoul!) une efficacité incomparable sur les réglementations. Quant à l'insensée marée noire du Golfe, déclenchée en 1991 par le très estimable Saddam Hussein...

Ne jetons pas la pierre aux Américains pour leur égocentrisme : nous ne valons pas mieux. Ou, plutôt, jetons-leur et jetons-nous la pierre. Non pour punir, car punir ne répare pas, mais pour encourager cette société munie de pouvoirs à s'en servir pour enrayer le mal. Pour que les pollutions, innombrables et diverses, soient enfin sérieusement combattues. Pour que soient rejetés les projets monstrueux, tels les énormes barrages que certaines multinationales, toujours elles, ont imposés ou veulent imposer aux pays en cours de développement. Pays que les néo-milliardaires indigènes qui les gouvernent bradent aux pays industriels qui les « néo-colonisent ».

Ces ouvrages, me direz-vous, ne constituent pas en soi une pollution, alors pourquoi en parler ici ? Ils ne sont pas une pollution au sens strict du terme, certes, mais ils sont une gigantesque nuisance. Ils enrichissent davantage les richissimes personnes qui décident de la politique des pays en cours de développement ; ils enrichissent davantage les richissimes compagnies bénéficiant des juteux contrats de construction de ces barrages ; ils enrichissent les richissimes intermédiaires, politiciens de tout poil et de toutes nationalités. Et ils appauvrissent jusqu'à la misère la plus atroce, jusqu'à la mort par inanition, les innombrables populations qui arrivaient à survivre péniblement sur les terres dont le lac de barrage les chassera. Il les obligera à migrer, les uns vers des terres inoccupées parce que trop arides, les autres vers des terres fertiles encore mais déjà surpeuplées. Comme la misère est fonction du surpeuplement, elle ne fera que s'étendre et s'approfondir. Ces régions, enrichies de tout temps par des fleuves capricieux pourvoyeurs de vie, ont depuis l'aube de l'humanité attiré l'homme et, par ailleurs, créé les plus belles civilisations. Démographie oblige : ces régions sont parmi les plus peuplées du monde. La construction de grands barrages, supposés réguler le fleuve, évitera, peut-être, les inondations meurtrières, mais détruira, à coup sûr, le précaire équilibre établi au cours des millénaires entre l'homme et le fleuve.

Pollution, désertification, famines chroniques, famines aiguës, industrialisation égoïstement développée, agro-alimentaire imposé au détriment des cultures vivrières et paradoxalement responsable de la sous-alimentation des populations contraintes à pratiquer la monoculture, destruction de pans entiers de forêts amazoniennes, himalayennes, indonésiennes, décharges industrielles criminelles, stockages de déchets tout aussi criminels, pollution des mers, des cours d'eau, de l'air, ces problèmes sont tous liés les uns aux autres, mondialement interconnectés, et toujours résolus – pour autant que l'on aie le culot d'appeler cela solutions – au détriment des deshérités et au profit des nantis. La responsabilité des « responsables » des pays les plus pauvres est aussi grande que celle des « responsables » des pays les plus riches.

Je me répète de façon délibérée. Car de même qu'un clou demande plusieurs coups de marteau pour être enfoncé, vérité que les publicitaires ont bien comprise qui vendent n'importe quoi, diamants, camelote, médicaments, écrivains, artistes, politiciens, à force d'enfoncer avec patience les clous qui les intéressent (au sens « quote-part des bénéfices » du terme), de même chaque vérité doit être dite et redite jusqu'à ce qu'elle finisse par demeurer dans la conscience de ceux qui en ont une.

Ma propre expérience tout comme la réflexion que je mène sans désemparer depuis des décennies m'ont conduit aux constatations que j'essaie de faire admettre par l'opinion. Comme d'autres prêcheurs du désert, je me heurte à une double difficulté. D'un côté, cette opinion est sensibilisée à l'excès par la débauche d'informations prodiguées par les médias (informations trop souvent superficielles et parfois dirigées) et en même temps cette même débauche d'informations la mithridatise contre les nuisances maléfiques que notre civilisation prodigue. Il n'est que temps, si l'on veut minimiser l'impact de ces nuisances sur notre douillette société occidentale, d'ouvrir les yeux, d'avoir le courage de signifier aux « responsables » de notre politique les vérités qui s'imposent, de les obliger à étudier les problèmes d'environnement avec le sérieux que ces problèmes exigent et de se méfier des Lyssenko de tout poil qui s'introduisent dans les antichambres du pouvoir politique. Il n'est que temps de contraindre ces pouvoirs à se résoudre enfin à prévenir et à prévoir, plutôt qu'à se bercer d'illusions. Illusions que ces luttes, lancées toujours trop tard pour n'être pas perdues, comme le démontre année après année depuis plus d'un tiers de siècle, celle que prétendent mener contre les incendies de forêt, par exemple, ou, autre exemple, contre l'odieux environnement de béton et de plastiques des « villes nouvelles » et des banlieues, des gouvernements délibérément myopes à l'extrême.

Chapitre 12

De mes très arbitraires priorités

Au terme de toutes ces pages de digressions (mais s'agissait-il vraiment de digressions ?) nous voici revenus à notre point de départ : comment choisir ? Quelles priorités accorder aux divers polluants à combattre ? Dans quel ordre les combattre ? Comment les combattre ?

J'ai tenté de montrer combien ces choix sont subjectifs, combien ils dépendent d'éléments divers, différant entre eux non seulement de façon objective mais également d'un responsable à l'autre, d'une ville, d'une région, d'un pays à l'autre. Cela exclut toute possibilité d'établir une hiérarchie qui ne soit à la fois personnelle et locale. Locale : celle que l'on pourrait proposer pour l'Isère différera à coup sûr de celle que la même personne pourrait établir pour le Rhône ou la Savoie, pour les Pyrénées, le Valais, la Californie, le Piémont ou le Brésil, ou pour Ushuaïa, en bordure de l'Antarctique. Personnelle : ma propre classification sera vraisemblablement différente de celle que quiconque, sauf peut-être mes proches collaborateurs, établirait pour chacune de ces diverses régions. Il convient de ne jamais oublier ce caractère, relatif à l'extrême, des classements proposés.

Cela signifie que, malgré le ton péremptoire que j'ai trop aisément tendance à adopter, mes prises de position peuvent et même doivent être discutées, voire contredites. Ce qui ne veut pas dire que cela me fasse changer d'avis, sauf si le raisonnement me convainquait d'avoir eu tort. Quand il m'est arrivé de l'être, je n'ai jamais hésité à modifier mes jugements, quitte à me faire accuser d'inconséquence. Ce n'était pas inconséquence mais simple honnêteté.

Dans mon optique, qui résulte d'une expérience multiple et fort longue de géologue, d'agronome et d'ingénieur d'une part et, de l'autre, d'homme de terrain et de responsable gouvernemental, les « grandes peurs » actuelles, même si l'une ou l'autre se trouvait en fin de compte justifiée, ne méritent pas la priorité qu'on leur accorde aujourd'hui. Couche à ozone et effet de serre, PCB et CFC, tout comme la peur du nucléaire sont, sinon à négliger, bien sûr, du moins à considérer avec calme et sérieux : les menaces qu'ils représentent sont – pour autant qu'elles existent – moins certaines et à coup sûr moins immédiates que beaucoup d'autres. Moins spectaculaires, ces dernières sont méconnues, pour ne pas dire parfois délibérément ignorées, à cause du bruit que, à propos des premiers, font, associés, médias, gouvernements et scientifiques intéressés.

Mon approche dichotomique m'avait amené, du temps où j'assumais des responsabilités au niveau national, à placer au premier rang des risques et des nuisances à combattre les catastrophes naturelles, les usines fabriquant ou utilisant des matières dangereuses, le stockage et le transport de ces dernières, la pollution de l'air dans les grandes villes, les incendies de forêt... Mais à l'échelle du département de l'Isère et de la région Rhône-Alpes dont je m'occupe aujourd'hui, cette dernière calamité n'a d'importance que très secondaire et nous ne lui consacrons ni budget ni temps, exemple de la relativité des priorités. En revanche, ont rejoint ce premier rang les déchets ménagers, industriels, agricoles, hospitaliers...

Au second rang, je place désormais la pollution des eaux, de toutes les eaux, la pollution des terres cultivées, le bruit, les grands travaux tels qu'ouvrages d'art inconsidérés, détournements irréfléchis de cours d'eau, endiguements de côtes ou de fleuves, empiétements sur la mer. Ce deuxième rang des priorités n'est pas dû au fait que les menaces qui s'y trouvent rassemblées soient moindres que celles de la première catégorie, mais au fait qu'elles sont peut-être moins immédiates. Et que les budgets consacrés à la protection civile, dont celle de l'environnement fait intégralement partie, sont d'une modestie qui empêche d'entreprendre les programmes nécessaires pour, dès aujourd'hui, protéger de façon efficace la population contre les risques de « catégorie 2 ».

Au troisième rang de mes préoccupations se situent toutes les autres agressions, réelles comme imaginaires : destruction des forêts équatoriales, risques nucléaires, effet de serre, mitage de la couche à ozone...

Certains s'étonnent de voir placée au premier rang la pollution de l'air des grandes villes et au troisième les risques nucléaires. Comme toujours, ce choix répond à des raisons objectives et à d'autres qui ne le sont pas. Relève de l'objectivité l'impression désastreuse que m'ont faite Mexico et Athènes, villes que jadis j'avais connues lumineuses, resplendissant dans une atmosphère typiquement méditerranéenne, pure et ensoleillée, et que, quelques années plus tard, je retrouvai défigurées. Ce n'est pas là figure de style, car les statues de marbre, au Parthénon entre autres, avaient été si profondément corrodées par les gaz acides que leurs visages réellement étaient défigurés. Comme défigurées sont ces villes, empuanties par un smog qui agresse les yeux, les bronches et toutes les muqueuses auxquelles il accède.

L'état actuel de ces deux capitales préfigure ce que seront bientôt toutes les grandes villes du monde si l'on ne prend pas d'urgence des mesures énergiques. Toutes ces cités se trouvent déjà au premier stade de l'avenir nauséabond, et à terme meurtrier, que nous réserve notre société du profit immédiat. A moins qu'on ne jugule cette pollution, immédiate elle aussi dans l'espace et dans le temps, le proche avenir me semble terrifiant.

Objectivement parlant, il n'y a pas à comparer cette menace, ou plutôt cette réalité dès aujourd'hui quotidienne, avec celles de ma troisième catégorie, lesquelles cependant, par la publicité qui leur est donnée, fascinent aujourd'hui tant les braves cherzauditeurs et cherzélecteurs que les gouvernants et trop de scientifiques. Or les milliards qui vont ici manquent là-bas...

En matière de pollution urbaine, la tâche des politiques n'est pas facile. D'une part à cause des choix que leur impose une opinion publique conditionnée par les médias, de l'autre du fait que leurs administrés, pour peu qu'ils possèdent une voiture, une motocyclette ou un camion, pour peu qu'ils se chauffent au mazout ou au charbon, sont les premiers à polluer leur ville. Davantage aujourd'hui que ne le font les usines, même lorsque la ville en compte beaucoup : depuis bientôt dix ans les industriels font des efforts certains, techniques et financiers, pour réduire leurs émissions nocives. Malheureusement, dans le même temps où les usines s'assagissaient, le citoyen lambda polluait de plus en plus à mesure que croissait, société de consommation oblige, le nombre des véhicules, donc l'émission toujours accrue de CO_2, de CO, d'hydrocarbures mal brûlés, de SO_2, de NO_x et d'ozone...

Diminuer cette pollution citadine demande que chacun accepte, bon gré mal gré, d'accomplir des efforts qui relèvent tantôt du prix des choses, tantôt du sens civique. Les problèmes psychologiques posés au responsable politique sont délicats, et il préfère d'habitude les esquiver plutôt que les appréhender : il faut moins de vertu pour ne rien faire que pour tenter quelque action susceptible d'indisposer l'administré. Faire appel au sens civique d'une façon suffisamment ferme pour qu'elle soit efficace demande à un gouvernant, quelle que soit sa place dans la hiérarchie, un effort qui signifie courage. La distribution du courage étant ce qu'elle est...

Le problème est identique en ce qui regarde cette nuisance croissante qu'est le bruit, dont l'essentiel est engendré par l'égocentrisme des citoyens: voiture mal conduite, deux-roues volontairement pétaradants ou ce que l'on appelle, par euphémisme, musique. Sans parler, pour les moins bien lotis, des bruits divers produits par les voisins de HLM.

Le responsable réellement soucieux de réduire la pollution urbaine de l'air (tout comme de réduire le bruit qui, somme toute, n'est que l'un des éléments de cette pollution) peut envisager deux approches différentes, l'une de persuasion, l'autre d'autorité. Ou mieux, puisqu'il s'agit d'esprit civique, un mélange des deux. Serait-ce vraiment si onéreux et si difficile pour chacun d'entre nous d'y contribuer?

Le vouloir du responsable est à l'évidence nécessaire. Mais il n'est pas suffisant. Comment faire admettre de façon autoritaire au citoyen moyen – donc égocentrique et qui écoute, fasciné, les discours trompeurs sur le trou à ozone ou sur l'effet de serre – qu'il ne doit pas emballer son moteur, qu'il vaut mieux le couper dès lors qu'un feu rouge l'arrête plus d'une demi-minute, qu'il accepte de brûler le carburant le moins polluant existant sur le marché, qu'il le brûle aussi entièrement que possible, c'est-à-dire qu'il entretienne bien son moteur, qu'il n'utilise pas son véhicule pour s'épargner cent ou cinq cents mètres de marche à pied? Comment faire admettre ces choses toutes simples? Comment faire pour que le citoyen moyen accepte, dans un objectif d'intérêt général, de payer le prix des modifications techniques indispensables tant sur son chauffage que sur son ou ses véhicules? (Plus il y en a, de ces véhicules, dans une même famille, moindre semble d'ailleurs le civisme.)

La manière autoritaire étant exclue en régime démocratique, fût-ce pour de simples raisons électoralistes, reste la persuasion. Persuasion obligatoirement multiforme : aux uns suffira le simple rappel de l'éthique, fondement de toute citoyenneté, à savoir que certains devoirs vont de pair avec les droits et que ces droits, conquis au terme de luttes ancestrales et devenus avec le temps « avantages acquis », ne dispensent en rien des devoirs. Aux autres, il conviendra d'expliquer, avec patience et conviction, pourquoi, pour un mieux-vivre général qui d'ailleurs les concerne en premier eux-mêmes, il est souhaitable qu'ils s'imposent les efforts qui conviennent. A une troisième catégorie, en sus de ces explications d'ordre déontologique, il faudra démontrer que leur participation à un tel programme leur sera au bout du compte bénéfique non seulement sous l'angle de leur propre santé et de leur propre bien-être mais aussi sous celui de leurs intérêts pécuniaires. A une quatrième espèce d'électeurs enfin, il faudra offrir des avantages monnayés ou monnayables, tels que dégrèvements fiscaux ou participation (aux frais de la collectivité) aux coûts imposés par la transformation technique de leur chauffage ou de leur automobile.

Mais, pour tous, je pense que l'incitation initiale doit être l'exemple donné par les autorités responsables elles-mêmes : des parents qui déforment la vérité ne peuvent espérer que leurs gosses ne leur mentiront pas, des patrons paresseux que leurs subordonnés travaillent d'arrache-pied... En l'occurrence les élus, et avant tout les plus haut placés d'entre eux, tous les prébendés de l'administration du territoire et cette Administration elle-même doivent, les tout premiers, appliquer à leurs véhicules et à leurs installations les transformations qui conduisent à une circulation et à un chauffage beaucoup moins polluants qu'ils ne le sont aujourd'hui. L'un de nos ministres circule déjà, paraît-il, à scooter. A quand un parking de deux-roues dans la cour de l'Élysée? Je pourrais y garer ma bicyclette. J'ai en effet toujours circulé à vélo dans Paris. J'ai voulu continuer lorsque j'étais membre du gouvernement. On m'a opposé des arguments de sécurité. Pendant quelques années j'ai pesté dans une voiture. Et aujourd'hui lorsque les distances m'empêchent d'utiliser le vélo, je prends les transports en commun, métro, train. Parfois un taxi... Ce n'est pas vertu. C'est, croyez-moi, confort, rapidité, tranquillité, agrément... et sécurité. Sans compter le « stress » que je m'épargne : confortablement installé dans le TGV ou dans le RER, je travaille, j'écris, je lis, ou je dors!

Pour réduire la pollution urbaine, nous commençons par les autorités et l'Administration : nous avons décidé de tenter, tant dans l'agglomération grenobloise que pour tout ce qui relève du conseil général dans le département de l'Isère, de remplacer le fuel par le méthane. Nous aurons, c'est certain, des difficultés à surmonter, mais je ne vois pas ce qui pourrait empêcher la réalisation de ce projet, malgré les lourdeurs bureaucratiques et malgré telle ou telle forme de la corruption. Quand nous aurons ainsi donné l'exemple, nous inciterons nos concitoyens à le suivre, au besoin en les y aidant financièrement, par exemple en subventionnant telle ou telle mesure ou en détaxant ceci ou cela. Quant aux récalcitrants endurcis, je recourrais volontiers à l'arme suprême : l'amende, lourde et non escamotable.

Je suis aussi persuadé de la réussite d'une telle entreprise à l'échelle d'un conseil municipal, d'un conseil général ou d'un conseil régional que de son échec total à celle de l'État. Il n'est que de voir toutes les campagnes d'incitation au civisme des conducteurs... La pollution urbaine par les individus est un exemple concret de l'impossibilité qu'il y a pour un État ou, plus encore, pour une organisation supranationale, de mener une lutte efficace pour la protection de l'environnement. Alors qu'une municipalité, même minuscule, un département et, sans doute, une région peuvent la conduire à bien. Dans l'Isère, il ne nous a fallu que quelques semaines pour passer du stade de la réflexion à celui de la décision, et quelques semaines de plus pour en amorcer la réalisation, laquelle fut d'ailleurs fort efficacement freinée par l'alliance de la bureaucratie et de la corruption. Mais l'expérience m'a appris qu'il faudrait des années et non des semaines, pour autant que l'on y parvienne jamais, pour simplement lancer un tel programme à l'échelle de l'État. Avec des résultats à coup sûr beaucoup moins assurés.

Rendons à César ce qui lui appartient. L'État, et lui seul, peut décider et diriger la politique concernant les Affaires étrangères, la Défense, les Finances, certains aspects de la sécurité publique, l'Éducation (et encore, à constater l'état dans lequel les ministres successifs l'ont mise dans notre pays, jadis donné en exemple de par le monde pour ses maîtres et ses professeurs, je me demande si elle aussi ne serait pas mieux gérée à l'échelon régional). Mais certes pas la prévention des risques majeurs – je parle là de ce que je connais mieux que certains – ni la protection du milieu dans lequel vit l'humanité, qu'en jargon scientifique on appelle biosphère et, en franglais politico-écologique, environnement.

Chapitre 13

Des feux et des incendies de forêt

Je n'ai pas l'intention d'écrire un manuel des méthodes à appliquer pour lutter contre les agressions que nous, hommes, lançons contre la nature, que cette nature soit plus ou moins sauvage – forêt vierge, océans, déserts torrides, déserts glacés, montagnes, fleuves, glaciers – ou qu'elle soit depuis plus ou moins longtemps aménagée par notre espèce – terres, pâtures, forêts cultivées, ruisseaux, rivières, nappes souterraines, fleuves endigués, rivages, cités, mégapoles, basse atmosphère... Je ne possède ni le savoir suffisant pour un ouvrage de pareille envergure ni l'ambition de l'acquérir. Guidé par mon expérience j'ai, simplement, le souci de faire ouvrir les yeux sur une approche de problèmes nouveaux, que trop de Lyssenko, de gens corrompus, de politiciens ignorants de ces choses utilisent déjà d'une façon qui n'est sûrement pas la meilleure pour le bien public, sinon pour le leur propre...

Quelques exemples me semblent parlants, et tout d'abord celui des incendies de forêt. Jusqu'aux années cinquante aucun pompier, aucun engin d'arrosage, aucun camion-citerne tout-terrain et, *a fortiori*, aucun avion, aucun hélico, aucun produit retardant n'était utilisé; pourtant les incendies (sinon les simples feux) se comptaient, en France, sur les doigts des deux mains *par décennie.* Aujourd'hui, où chaque année l'État dépense plus d'un milliard de francs pour permettre à des milliers de combattants du feu supérieurement équipés de lutter contre les incendies de forêt, il arrive que l'on en dénombre autant en une seule semaine.

A cet apparent paradoxe, deux raisons essentielles : l'insuffisance d'entretien, qui permet l'envahissement des sous-bois par les broussailles qui constituent, une fois sèches, un amadou de choix, et la désertification des forêts, jadis habitées par quantités d'artisans divers qui non seulement aidaient, ô combien, à la propreté des sous-bois mais aussi éteignaient les feux dès qu'ils se déclaraient. Car on étouffe sans peine un feu mais jamais un incendie d'envergure que les broussailles sèches favorisent de façon dramatique et qui ne peut se développer qu'avec un vent suffisamment violent.

Il est impossible d'arrêter les incendies de forêt. L'ont montré, innombrables, ceux qui se produisent de par le monde, notamment tous ceux qui ravagent désormais nos forêts du Midi et ceux, gigantesques, de ces dernières années en Chine, en Sibérie, au Canada ou aux États-Unis. Ni le déploiement d'énormes moyens aériens (Canadair) ni celui de dizaines de milliers (France), voire centaines de milliers d'hommes (ex-URSS et Chine) n'ont permis ne serait-ce que de circonscrire ces cataclysmes : *l'incendie de forêt ne s'arrête que faute de combustible ou de vent. Et les pompiers n'y peuvent rien* : on n'arrête ni la pluie, ni l'orage, ni le gel, ni le soleil. Ni les incendies de forêt.

Lorsque, ancien entomologiste forestier et vieux spécialiste du feu (feu de volcan ou feu d'incendie ne diffèrent que par des nuances), j'assumais la responsabilité de cette prévention, j'ai eu l'occasion à diverses reprises de discuter de ce problème avec des maires de la région Provence-Alpes-Côte d'Azur et de Corse. Leur analyse était proche de la mienne et beaucoup auraient voulu pouvoir appliquer sur leur territoire la politique que je proposais : débroussaillage par un engin spécialement conçu, baptisé Scorpion, qui non seulement broie broussailles et arbrisseaux mais aspire ce broyat, le transporte et le stocke en vue de son utilisation, immédiate et sans séchage préalable, dans des fours qui jusque-là marchaient au fuel ou au charbon. Ce matériel de débroussaillement mécanique, une fois produit en série, aurait été confié aux sapeurs-pompiers locaux, lesquels l'auraient eux-mêmes utilisé toute l'année. Je suis persuadé que tout sapeur-pompier préférerait être rétribué à prévenir efficacement les incendies plutôt qu'à les combattre sans espoir. Après débroussaillement mécanique, la propreté, ainsi retrouvée après des décennies de laisser-aller, serait entretenue par des troupeaux de brebis et de chèvres, menés par des bergers, subventionnés par les deniers publics, la profession n'étant plus guère rentable dans la France d'aujourd'hui. Certains me rétorquent : les chèvres sont nuisibles car elles broutent les jeunes pousses. Ma réponse a forme de question : combien de milliers de troupeaux faudrait-il pour détruire ce qui part en fumée, de 40 000 à 80 000 ha, chaque année?

Nous avions amorcé ce programme en procédant, dans le Var, à un essai de débroussaillement avec récupération du broyat. Une semaine durant, tout avait fort bien fonctionné, tant nettoyage du sous-bois qu'utilisation, dans les fourneaux de l'arsenal de Toulon, de la biomasse broyée. Fonctionné tellement bien que le « lobby des incendies de forêt » utilisa la pause dominicale pour détruire à l'explosif le prototype du Scorpion. Je connais les coupables mais, les preuves me manquant et ceux qui m'ont informé n'osant témoigner en justice (il est des mafias ailleurs qu'en Sicile), je ne puis les dénoncer sans être condamné pour diffamation (toujours cet effet pervers d'un droit qui protège en fait les malfaiteurs).

Si la loi de décentralisation que Gaston Defferre a fait adopter en 1982 était appliquée selon l'esprit qui était le sien à l'origine, il y a belle lurette que chaque département aurait la maîtrise de sa propre sécurité et, dès lors, que certaines au moins des communes victimes les plus habituelles de ce type de désastre auraient obtenu de leur conseil général les moyens financiers pour adopter ou pour le moins essayer une politique de prévention authentique (ce que l'on qualifie officiellement de débroussaillement préventif n'est que faux-semblant). Au lieu de quoi, tout aussi centralisé à cet égard et tout aussi puissant que du temps de Louis XIV, de Napoléon ou des diverses Républiques qui leur ont succédé, l'État règne sur la forêt française avec une inefficacité ubuesque.

Quant à l'action de la Communauté européenne en cette matière, elle ne pourrait qu'être plus inefficace encore. Comme toute communauté supranationale, elle sera obligatoirement régie par les intérêts particuliers de chacune des nations qui la composent. Or la majorité, septentrionale, n'ayant pas à souffrir de ce fléau, toute illusion exprimée à ce propos relève au mieux de la candeur, au pire du détournement de fonds.

Car l'Europe ressemble, hélas! aux Nations unies et le centralisme bureaucratique la condamne à un manque d'efficacité de plus en plus « onusien ». Je le crains d'autant plus que je souhaiterais de tout cœur qu'elle réussisse. Exemple, entre combien d'autres, de l'impossibilité d'agir efficacement lorsque l'on est nombreux et que l'unanimité est, pour le moins naïvement, exigée : une seule nation, l'Angleterre, refuse que l'Europe des Douze se dote d'une monnaie européenne, l'ECU, et les onze autres se trouvent dans l'obligation de s'incliner. *Mutatis mutandis*, il en sera de même pour les déchets, pour les séismes majeurs, pour le transport des matières dangereuses, pour les incendies de forêt. Sans parler de tant d'autres problèmes d'importance première dont je n'ai pas à parler en ce livre, qui vont de l'immigration au respect des droits de l'homme...

Les Nations unies utilisent une part non négligeable de leurs énormes budgets à financer des programmes fort divers. Depuis quelques années que l'environnement et les risques majeurs sont devenus médiatiques et, par là même, électoralement et financièrement payants, l'ONU a conçu un projet concernant la prévention des catastrophes naturelles.

Un projet concernant l'environnement pour les Nations unies. Un autre pour la Communauté européenne. Les moyens mis à leur disposition seront, sont déjà, absorbés en congrès, colloques et missions aux quatre coins du monde. J'ai suffisamment l'expérience de ces choses pour savoir combien sont pauvres, et parfois simplement mensongers, les résultats de ces voyages, discours, agapes et publications. Ce ne serait qu'une façon supplémentaire de dépenser à son propre profit l'argent des contribuables si, vu le taux de croissance des menaces que notre société engendre d'une façon assez étonnamment suicidaire, ce gaspillage-ci n'était, d'une certaine façon, criminel.

Chapitre 14

Des Verts et des sauveurs

La dénonciation des menaces qui s'amoncellent sur l'environnement a pris de plus en plus d'ampleur au cours de ce dernier quart de siècle. Les défenseurs de la nature des années cinquante avaient fini par mobiliser suffisamment l'opinion pour qu'autour d'eux des groupes se rassemblent. Ils constituèrent peu à peu ce courant écologiste dont le discours a connu ces dernières années un écho tel que les « décideurs », politiques, administratifs, industriels, financiers, se trouvent désormais obligés de le prendre en compte. D'autant plus que l'écologisme s'est politisé jusqu'à donner naissance à des partis « verts ».

L'audience électorale que ces Verts ont acquise a, selon moi, deux causes fondamentales : d'une part la réalité objective des menaces que les écologistes dénoncent, de l'autre le retentissement que les médias donnent de plus en plus à cette dénonciation. (Mais aussi les désillusions que les partis politiques, tous, ont engendrées et engendrent sans cesse.) Cet écho, comme toujours lorsqu'il est suffisamment puissant et gronde assez longtemps, finit par sensibiliser une opinion que la télévision conditionne désormais de façon prépondérante.

Naguère encore, j'applaudissais à cette prise de conscience de plus en plus généralisée et au soutien que les médias accordaient enfin à ces militants, aux côtés desquels j'avais longtemps combattu pour la protection de la nature. Mais une fois les mouvements écolos devenus puissants, et parfois même riches, il m'a fallu reconnaître que, comme toute collectivité qui atteint un certain seuil critique, celle des écologistes révélait désormais à côté de ses grandes vertus des effets pervers.

Il en est de deux types. D'une part, celui de l'inutilité, voire de la nocivité pour la défense de l'environnement, de partis écologistes : forcément minoritaires, forcément isolés, de tels partis ne seront jamais que de petits groupes de pression parmi d'autres, représentés au Parlement ou pas. Et le gouvernement, pour autant qu'il les écoute, ne les écoutera que très distraitement. D'autre part, et cela me choque de la part d'écologistes, le fait de ne pas respecter la vérité lorsque celle-ci contredit le combat que l'on mène : cas de Greenpeace, par ailleurs exemplaire en d'autres actions, qui prétend que les essais nucléaires souterrains de Mururoa rendraient radioactives les eaux du Pacifique ; cas de tous ceux qui exagèrent certaines menaces industrielles, telles les contrevérités relatives aux « catastrophes » de Seveso ou de Reims, les campagnes contre le pyralène ou les fréons, les exagérations concernant les prétendues catastrophes que l'effet de serre réserverait...

Je reviens volontairement sur ce sujet, car les mêmes gourons scientifiques qui nous menacent de la fonte des calottes de glace polaires et de la montée concomitante et catastrophique du niveau des mers n'évoquent jamais, entre autres, les quantités de CO_2 que les volcans engendrent par milliers de milliards de mètres cubes. Ils affirment que la couche à ozone est attaquée de façon très redoutable par les CFC, ils affirment, alors que rien ne le prouve, que le climat se réchauffe et que la sécheresse s'accroît. La précision et la validité des mesures à partir desquelles s'est développée l'hystérie engendrée par le prétendu effet de serre et ses conséquences catastrophiques sont déjà pour le moins discutables. Ainsi du réchauffement : on nous dit que les températures moyennes croissent de façon inquiétante dans l'hémisphère nord depuis une dizaine d'années. Cela semble exact. Mais on ne nous dit pas, comme le rappelle le professeur Patrick Michaels, professeur de climatologie à l'université de Virginie, que le même phénomène avait été observé durant les quarante premières années de notre siècle, où la température moyenne était montée de 2 °C, ce qui est énorme, mais qu'une quarantaine d'années plus tard elle était redescendue à sa valeur de 1900. On estime aujourd'hui à environ 0,4 °C l'augmentation de température de l'atmosphère en ce siècle, ce qui correspond à l'évolution normale de la période postglaciaire que nous vivons depuis quelque dix millénaires.

Pour l'hémisphère sud, Michaels remarque que l'évolution des températures va bien dans le sens prédit par les scientifiques qui redoutent l'effet de serre, mais que l'augmentation mesurée est environ deux fois moindre que prévu. La surface de l'hémisphère sud, il ne faut pas l'oublier, est constituée à 90 % d'eau, liquide ou solide.

Et même quelques-uns des « boutefeux » de l'effet de serre concèdent aujourd'hui que la différence observée, et qui actuellement s'accroît, entre le comportement des hémisphères nord et sud jette un doute sérieux sur la réalité des catastrophes annoncées.

Un très distingué scientifique de la NASA, témoignant en juin 1988 devant le Sénat américain sur l'effet de serre, affirmait que l'année en cours connaîtrait les températures les plus élevées jamais enregistrées ; à moins, disait-il, qu'un refroidissement, aussi improbable que remarquable par son amplitude, ne se manifeste sur les six mois restants. Ces prédictions étaient établies à partir de mesures effectuées sur la terre ferme, continents et îles. Mais, durant le même laps de temps, les eaux de l'océan Pacifique étaient, entre les tropiques, soumises à un refroidissement marqué qu'il n'avait pas pris en compte. Comme les mers couvrent 70 % de la surface terrestre... Les hautes températures exceptionnelles qu'il avait prédites n'étant pas survenues, ce distingué scientifique américain dut se rétracter le 7 décembre, donnant pour excuse le caractère « remarquable » (il n'utilisait plus l'adjectif « impossible ») de la deuxième moitié de l'année 88. Il a discrètement tu le fait que dix-neuf situations similaires, tout aussi « remarquables » donc, avaient été dénombrées au cours des cent deux dernières années... Que ne feraient pas certains scientifiques pour convaincre la communauté de la justesse de leurs thèses, même lorsqu'elles sont fausses ?

Michaels rappelle d'autre part que le Dr Tom Karl a démontré que l'accroissement de 1 °C des températures moyennes enregistrées en ce siècle aux USA, accroissement plus marqué qu'on ne l'avait supposé – je rappelle qu'il est de 0,4 °C seulement pour l'ensemble du globe –, était essentiellement dû à l'extension croissante des villes autour des stations météorologiques où ces températures sont mesurées. Or les villes chauffent leur propre atmosphère par leurs moteurs, leurs chauffages et leurs industries, sans parler de l'effet passif de conservation de la chaleur solaire par les murs et les rues, asphaltées ou pavées. Nullement par effet de serre.

Si je cite aussi longuement le professeur Michaels – et je pourrais citer d'autres scientifiques éminents –, c'est pour rappeler combien il faut être prudent non seulement dans l'acceptation d'un diagnostic ou d'une prévision climatologique, je dirai même de façon générale d'une prévision relevant des sciences de la nature, mais aussi dans le degré de confiance que l'on peut accorder à des mesures, considérées *a priori* comme irréfutables sauf lorsque le scientifique impliqué est malhonnête. Ce qui est heureusement peu fréquent. Mais arrive parfois.

Même lorsque les scientifiques sont rigoureux, il ne faut jamais oublier que les instruments de mesure, y compris les plus sophistiqués, peuvent donner des indications erronées. Et, ainsi, nous tromper. D'autre part, la mesure d'un paramètre naturel ne représente jamais qu'une donnée momentanée relative à un milieu essentiellement hétérogène et soumis à des variations, parfois rapides, parfois importantes, tant dans l'espace que dans le temps. Toute mesure, même parfaitement exécutée, n'est jamais qu'un échantillonnage, et un échantillonnage n'est jamais que plus ou moins représentatif de la réalité. Si sur cette relativité du concept de la mesure en milieu naturel se greffe le souci de conforter une hypothèse chère au scientifique qui l'effectue...

Certains ordinateurs nous prédisent le double de CO_2 dans l'atmosphère d'ici à l'an 2020 et un accroissement de température correspondant de l'ordre de 10 à 20 °C : de quoi terrifier. Rassurez-vous : d'autres ordinateurs nous prédisent, pour l'an 2100, un accroissement de l'ordre de 0,8 degré... Personnellement, je fais davantage confiance à ceux-ci qu'à ceux-là. Un ordinateur ne fournit de résultats qu'en fonction des données qu'on y a injectées. Or la valeur de ces données, en ce genre de problèmes surtout, est loin d'être toujours rigoureuse. Voire même objective.

Michaels remarque, fort sagement, que de nombreux groupes scientifiques voient en cette conjoncture une occasion de sauver le monde (et de promouvoir leur propre personne). Je précise qu'aux gens de science auxquels il pense il convient de joindre journalistes, hommes politiques, médecins, hommes de loi et ayatollahs de toute espèce. Les « sauveurs de planète » poussent soudain de tous bords, comme les résistants après le débarquement de Normandie et les champignons après la pluie.

Michaels ajoute que cet état d'esprit ne favorise guère la connaissance objective. Or c'est d'elle que l'on a besoin en cette période où se définissent des politiques d'envergure qui, quelque louables que soient leurs objectifs, peuvent engendrer beaucoup de mal pour peu qu'elles soient décidées sans réflexion suffisante et sans débat sérieux. A ce débat doivent être conviés non seulement les scientifiques courtisans du pouvoir mais, surtout, les scientifiques compétents non intéressés – de quelque façon que ce soit et pour quelque motivation que ce soit – par les décisions prises par les responsables gouvernementaux, forcément incompétents en ces matières.

Si je reviens sur ce sujet que j'ai déjà évoqué, c'est que j'estime préoccupante la myopie des gouvernants de la plupart des pays. Ces dignitaires n'écoutent, trop généralement, qu'un seul son de cloche. Or, leurs insuffisances en matière scientifique et la confiance que, du fait même, ils accordent à ce qu'affirment certains savants, voire certains de leurs conseillers prétendument savants, les amènent à décider parfois en relative mais grave ignorance de cause des politiques à suivre en matière de défense de l'environnement.

Chapitre 15

Des incidents colossaux, des catastrophes pérennes

L'appréciation de l'importance des risques est subjective, et ne peut que l'être. Raison pure autant que pragmatisme font évidemment souhaiter un maximum de données objectives. Autrement dit, souhaiter que la part de celles-ci soit importante dans la définition des programmes de prévention, puisqu'elles en conditionnent la valeur intrinsèque. Il n'en demeure pas moins, c'est regrettable certes mais inévitable, une très grande part de subjectivité.

Responsable de la prévention des catastrophes et de la protection de la nature dans le département de l'Isère, je déclare reléguer au troisième rang de mes préoccupations les risques de mitage de la couche à ozone, d'effet de serre ou de désastre nucléaire. Je préfère concentrer les efforts entrepris sur notre territoire à lutter contre la pollution de l'atmosphère urbaine ou à trouver des solutions acceptables à l'élimination des déchets. J'obéis ce faisant à une succession rationnelle d'arguments, dont les uns sont essentiellement objectifs mais d'autres franchement subjectifs. Outre ceux que j'ai évoqués ici ou là dans les pages qui précèdent, j'ai pris en considération – objective et subjective – trois facteurs importants de l'estimation et de la gestion du risque : sa magnitude, ses probabilités de survenance, ses coûts de gestion.

Si je place au dernier rang de mes soucis de responsable le nucléaire et l'ozone stratosphérique, c'est dû à la probabilité très faible des catastrophes que cependant certains, à grands cris, annoncent en ces domaines. Alors qu'est au contraire très élevée la probabilité de voir les déchets de toute espèce, au rythme auquel ils ont été produits en ce dernier tiers de siècle, au rythme auquel ils le sont aujourd'hui, au rythme auquel ils le seront désormais, envahir de façon ignominieuse l'espace habitable. Et même celui qui ne l'est pas : les océans servent de poubelle; les grottes, les gouffres et les avens commencent à être envahis; les déserts sont de plus en plus parisdakarisés; si des règles d'une sévérité extrême ne sont pas imposées mieux que ne l'est l'interdiction de stationner dans nos rues, les cargos chargés de déchets toxiques, lorsqu'ils ne pourront plus acheter quelque potentat du tiers monde pour déverser nos ordures dans son pays trop misérable, donc trop faible pour se faire respecter, eh bien ces cargos iront faire leurs ignobles besoins sur les côtes, par exemple, de l'Antarctique, souillant à jamais ces terres encore vierges.

Mais bien avant qu'un seuil critique ne soit atteint dans ces vastes contrées, désertes ou presque, il aura été dépassé, ô combien, dans les régions densément peuplées, à commencer par celles que nous habitons. Avec les conséquences dramatiques que l'on peut aisément prévoir. Je considère ce risque, quasi immédiat et dont la probabilité est maximale, comme largement prioritaire, même par rapport aux risques multiples que représentent la fabrication, le transport et le stockage des matières dangereuses, qu'elles soient explosibles ou toxiques : ces menaces-là sont de nature ponctuelle et même des catastrophes comme les pires à s'être produites à ce jour, Bhopal, Mexico, Los Alfaques, Tchernobyl..., ne sont finalement que des incidents, dont le temps efface les traces. *Les pollutions, entre autres celles des déchets de la société de consommation, constituent une calamité permanente de gravité continuellement accrue.*

On oppose souvent aux programmes de prévention les coûts qu'ils représentent. Argument fallacieux. D'une part chacun sait que le coût de l'assurance est de deux, voire de cinq ordres de grandeur inférieur à celui du désastre. C'est aussi vrai pour l'accident de la circulation que pour l'incendie de forêt, pour l'incendie d'un immeuble que pour la pollution d'un fleuve, pour l'explosion d'une usine que pour le tremblement de terre destructeur...

Face aux pollutions, ce n'est pas tant aux compagnies d'assurances que je pense, malgré l'importance de leur rôle économique, c'est à cette forme d'investissement qui réduit à son minimum la probabilité d'un risque d'abord, ses effets nuisibles ensuite. Ce que je disais, dans un autre chapitre, de la politique de prévention des incendies de forêt en est un exemple : non seulement les coûts de cette prévention ne seraient qu'une fraction de ceux de la très vaine lutte menée depuis une trentaine d'années déjà, mais, surtout, les biens détruits par le feu – et les vies perdues – seraient aussi réduits de façon appréciable. De même pour les tremblements de terre :

– investir d'abord dans la construction parasismique, laquelle ne coûte, pour le gros œuvre, qu'entre 0 et 8 % de plus que pour le même bâtiment, bien construit et de façon honnête mais sans tenir compte du risque sismique,

– investir ensuite dans la prévision des séismes,

– investir enfin dans l'organisation de secours efficaces,

c'est souscrire une assurance qui épargnera d'innombrables vies humaines et réduira le nombre des blessés graves, la quantité des bâtiments détruits ou rendus inutilisables, la mise hors service des équipements, le non-fonctionnement plus ou moins prolongé de l'infrastructure économique. L'accident majeur coûterait de mille à cent mille fois plus, et parfois davantage, que le coût de ce genre d'assurance. Il en est de même pour toutes les menaces nouvelles que la société industrielle engendre.

Pour amener des esprits par trop avaricieux, par trop timorés, par trop routiniers à se décider à y souscrire, il faudra, je le crains, du temps, de patientes explications sans cesse renouvelées et, malheureusement, des catastrophes. Car elles sont les seuls arguments susceptibles de convaincre les myopes qui quasiment partout et trop souvent gouvernent le monde. L'assurance ne semble chère qu'avant l'accident, même à ceux qui construisent des lignes Maginot ou des systèmes de défense dispendieux, sinon efficaces.

Le problème des déchets – industriels, ménagers, hospitaliers, agricoles, toxiques ou non, encombrants ou pas, dégradables ou indestructibles – est l'un de ceux que l'État ne s'est pas montré capable de gérer convenablement. Mais qu'une municipalité, un département ou une région seraient à même de maîtriser peut-être, en tout cas d'administrer moins mal.

Pour autant du moins que ceux qui les dirigent en aient la volonté et disposent des moyens financiers nécessaires. De toute façon, les résultats d'une gestion locale ou régionale seront supérieurs à ceux d'une gestion nationale, non seulement en vertu du principe évoqué plus haut, mais aussi parce que des problèmes aussi concrets se résolvent incomparablement mieux lorsque l'appareil administratif est minimal.

Non pas que les responsables des services et des agences nationales *ad hoc* non plus que leurs agents vaillent moins que ne vaudraient responsables et agents locaux, loin de moi pareille pensée. Mais, toutes qualités égales par ailleurs, ces derniers auront un rendement supérieur simplement par le raccourcissement des distances entre les uns et les autres, par la réduction des délais administratifs, par la possibilité de discussions personnelles entre les diverses parties impliquées, et par le contact direct d'homme à homme, contact que l'État, centralisé et centralisateur, pratiquement ignore. Ou dédaigne. Ou dédaigne et veut ignorer.

La question des déchets est complexe pour diverses raisons, la première étant leur extrême diversité. Comme il n'est guère pensable, ne serait-ce que pour des raisons économiques, de chercher une solution spécifique à chacun des types de détritus, il faut essayer de trouver des compromis techniquement, économiquement et écologiquement acceptables. Et c'est, encore une fois, un objectif incomparablement moins difficile à atteindre au niveau local ou régional que national. *A fortiori*, supranational.

Quelle que soit leur origine, les déchets doivent avant tout être collectés – ce qui n'est, hélas! pas toujours le cas – et triés avant d'êtres traités par catégories, selon la technique qui convient le mieux tout d'abord à la nature de chacune, ensuite aux exigences d'ordre écologique, puis aux possibilités économiques et, *last but not least*, aux contraintes d'ordre sociologique de la collectivité concernée : l'importance de ce dernier facteur ne cesse de croître et ceux qui s'efforcent de résoudre le problème des déchets doivent toujours en tenir compte.

J'en ai fait l'expérience en 1988 et 1989. Quatre maires, l'un après l'autre, m'avaient demandé de leur donner un coup d'épaule pour que leurs administrés acceptent l'installation d'une usine de traitement de ces encombrants déchets industriels que sont devenus, ces dernières années, les transformateurs électriques au pyralène. Avant d'expédier ce pyralène vers la seule usine habilitée, spécialisée dans sa destruction par pyrolyse, et de livrer à l'industrie de récupération métallurgique la carcasse nettoyée du transfo, il faut en effet vider ce dernier de son pyralène et le « désinfecter » très soigneusement. Ce qui, depuis que les PCB ont été mis hors la loi, demande un atelier spécialisé.

Les maires qui m'avaient appelé s'étaient rendus à mes raisons et avaient admis que le pyralène n'est dangereux ni à froid par pollution des eaux, ni à chaud par pollution de l'air dans lequel s'échappent, quand la température s'élève suffisamment, dioxines et furannes; que, n'ayant jamais tué qui que ce soit dans le monde, le pyralène n'est donc pas à craindre. Faisant de surcroît confiance à l'Académie des sciences, qui avait conclu à son inocuité, ces maires s'étaient portés volontaires pour accueillir l'usine de dépyralénisation dont le département avait besoin mais dont la plupart des autres municipalités, effrayées par les campagnes alarmistes, ne voulaient pas. Ceux qui ne craignaient pas ce « tigre de papier » avaient pour motivation, aussi raisonnable que rationnelle, la création d'emplois, des taxes industrielles et un coup de pouce intéressant pour l'économie locale.

Las!... Alors que la majeure partie de la population acceptait le projet, ces maires s'étaient, les uns après les autres, heurtés à un groupuscule d'opposants, « écolos » agressifs qui vont d'une commune à l'autre porter ce qu'ils croient être la bonne parole évangéliste de l'écologie, alors qu'ils sont ignorants en ce domaine fort spécial.

Les maires espéraient que j'arriverais, arguments rationnels et même scientifiques à l'appui, à les convaincre. En quoi ils se trompèrent complètement et moi avec eux : que j'explique patiemment les raisons pour lesquelles le pyralène est incomparablement moins redoutable que l'essence ou le gaz en bouteille, ou que je me laisse aller à répondre avec brutalité tantôt à la mauvaise foi affichée par ces personnes, tantôt à leur grossièreté, rien n'y fit. Il n'est pire sourd...

Les trois premières municipalités durent donc renoncer à construire sur leur territoire ces installations « de décontamination » mais la quatrième, passant par-dessus les actions musclées du commando itinérant, décida de l'implanter chez elle, ce qui lui valut une action judiciaire intentée par ce groupe d'écolos devant le tribunal administratif. Lequel donna raison au maire : l'atelier vient de se mettre en route.

Je vous raconte cette histoire parce que je la trouve instructive à deux titres. Le premier est la complexité toujours plus grande des problèmes posés par les déchets : en l'occurrence, comment disposer d'un côté d'une substance chimique, officiellement qualifiée de dangereuse et malaisée à détruire, de l'autre d'encombrantes et lourdes carcasses métalliques? Le second titre est d'ordre socio-politico-administratif : quelle décision prendre en situation conflictuelle, de quelle façon et selon quels critères?

D'emblée, on voit que le premier de ces volets est de nature essentiellement technique, par conséquent objective, et que le second est subjectif en diable! Les autorités municipales se trouvent dans l'obligation de tenir compte de l'ensemble des arguments, des contre et des pour, de l'intérêt de leur commune et, dès lors qu'il s'agit de déchets industriels, de l'intérêt général, sans parler de leur intérêt personnel, lequel, pour des hommes politiques, passe obligatoirement par le vote de leurs administrés. Si la dernière des municipalités à avoir demandé mon concours a finalement accepté cette petite usine, ce fut peut-être dû au fait que la France était enfin sortie de la série quelque peu aberrante d'élections qu'elle s'est vu offrir en 1988 et 1989: certains arguments de nature électorale se trouvaient dévalorisés, qui avaient contraint les trois autres maires, en pleine période de surenchères démagogiques, à tenir un compte sérieux de trublions que le sens réel de la démocratie n'étouffait pas. L'homme politique soucieux de gérer au mieux la collectivité dont il est responsable, soucieux donc de sa réélection, condition de la poursuite des programmes qu'il a pu mettre en route, se trouve dans l'obligation de ménager certains adversaires, même peu nombreux, susceptibles de lui faire perdre le mandat qu'il assume.

Un autre cas fut celui d'un maire désireux comme les autres évoqués ci-dessus d'accepter cet atelier de dépollution, mais qui dut y renoncer pour ne pas rendre difficiles ses relations, jusque-là excellentes, avec ses propres adjoints convaincus, eux, que pyralène signifiait malédiction puisque l'avaient répété non seulement la télévision mais aussi les revues de vulgarisation scientifique. La foi que ces personnes accordaient à ces périodiques était tellement solide que l'ébrécher semblait impossible.

Aucun de ces médias, jamais, n'a fait savoir que l'Académie des sciences et les chimistes compétents avaient déclaré que leurs campagnes alarmistes avaient été basées sur du vent... L'information médiatique contemporaine, comme il y a vingt-cinq siècles la langue évoquée par Ésope, est la meilleure mais aussi la pire des choses.

Un autre exemple des problèmes que les responsables de l'environnement et, aujourd'hui, « du cadre de vie » s'efforcent de résoudre est celui des déchets industriels toxiques, ceux que l'on ne peut détruire ni par dilution, ni par dissolution, ni par le feu, ni par réactions chimiques, et qui ne trouvent plus de place dans les décharges existantes. D'autant moins de place que ces résidus dangereux sont d'année en année plus abondants : les chimistes inventent toujours des molécules de synthèse nouvelles et les industriels, fabriquant toujours plus de produits, engendrent toujours plus de déchets. Certains de ceux-ci, toxiques, inflammables ou explosifs, sont redoutables et, lorsqu'on ne peut les détruire, on doit les caser quelque part. Un quelque part suffisamment à l'écart des lieux habités, suffisamment étanche pour ne polluer ni cours d'eau ni nappes phréatiques, suffisamment sûr pour que soit minimal le risque qu'un tel dépôt signifie, suffisamment discret pour ne pas attirer l'attention et ne pas abîmer le paysage lorsque celui-ci est plaisant à l'œil.

Nous avons actuellement un cas de ce genre à résoudre et je vous assure que ce n'est pas simple! Mais quelle que puisse être finalement la solution retenue, elle sera à coup sûr moins mauvaise (parce que, de bonnes, il n'en existe guère) que celles que pourraient prendre le très anonyme État ou un quelconque organisme supranational. Les élus du département et de la région préoccupés par cette corvée préféreraient sans doute pouvoir s'en décharger – c'est le cas de le dire – sur quelque ministère, sur cette anonyme autorité qu'en province on appelle « Paris », voire, mieux encore, sur « Bruxelles », sur « Genève », sur « Rome », sur tout ce que l'on veut d'anonymement et très internationalement irresponsable. Mais dans l'intérêt général véritable le problème, au contraire, doit être résolu par les élus que la loi de décentralisation a placés à proximité, immédiate parfois, des difficultés à surmonter. Et non dans la lourde, la myope, l'arrogante bureaucratie qui décide de tout depuis quelque trop lointaine « capitale ».

Dans ce genre d'affaire, on se trouve continuellement affronté à des opposants, la nature humaine étant ainsi faite qu'à peine une action est-elle envisagée que se manifeste la réaction. Ce qui certes est parfois positif, car le débat est indispensable tant à la démocratie qu'à la formulation de la vérité, mais souvent est par trop négatif. En l'occurrence c'est bien ce à quoi l'on assiste :

les opposants à l'installation d'un stockage de produits dangereux sont divers, depuis ceux qui par principe s'opposent à tout jusqu'à ceux que l'idée seule des risques révulse, en passant par les inconditionnels de la beauté des paysages et les écologistes qu'exacerbe l'extension continuelle des surfaces industrialisées, en passant parfois aussi par des politiciens dont les intérêts personnels ne coïncident pas avec le projet en discussion. Et l'on ne peut que comprendre certaines de ces réactions.

Mais il faut bien stocker quelque part ces maudits produits...

Là encore, où les arguments objectifs et les sentiments de tous ordres interviennent dans le jugement, je m'efforce d'utiliser la méthode dichotomique, avec comme critère essentiel, à chacune des étapes successives, ce qui répond le mieux à l'intérêt public, avec toujours le souci de l'intérêt écologique comme de l'intérêt économique. Et en aucune façon des intérêts personnels ou privés.

Chapitre 16

De nos chères ordures

Que les déchets soient d'origine urbaine ou industrielle, hospitalière ou agricole, ils encombrent toujours davantage l'environnement et ils représentent une menace croissante pour la société comme pour l'individu. Dire qu'il faut les éliminer est un truisme, affirmer qu'il faut le faire à tout prix ne l'est pas.

La production et l'accumulation des déchets résultent du développement de la société de consommation, que caractérise la priorité absolue du profit maximal, lequel suppose un investissement minimal, entre autres dans tout ce qui semble n'être pas indispensable à la production. C'est le cas des investissements de sécurité – ce qui explique certaines catastrophes, dont celles de Bhopal, de Mexico et de Tchernobyl furent les plus désastreuses – et les investissements dans la réduction de la quantité des déchets produits. Parmi les déchets se situent la plupart des pollutions puisqu'elles proviennent soit de processus de fabrication (fumées d'usine, rejets liquides ou solides dans les cours d'eau ou dans la mer) et font donc partie des détritus, soit de l'utilisation abusive par la population de produits tels que les carburants, les lessives, les détergents, les solvants, les pesticides, les plastiques, les engrais, etc.

Savez-vous ce que représente, comme déchets inutiles (et gaspillage correspondant) chaque pipi de bébé français, américain ou européen riche? Moi non, mais j'imagine : une couche-culotte jetable c'est, au moins, une demi-douzaine de décimètres carrés de tissu en matière plastique, un ou deux décimètres cubes de ouate plastique, du plastique pseudo-caoutchouc, du plastique collant... Quelques millions de ces très indispensables équipements utilisés et jetés chaque jour dans chaque pays industrialisé : tout le monde n'y perd pas, à commencer par les fabricants et leurs fournisseurs de matières premières (industries pétrolière et pétrochimique) et à finir par les publicitaires et les médias, qui transmettent cet enrichissant « message », en passant par les commerçants... Ces millions de décimètres cubes quotidiens, ces millions de mètres cubes annuellement jetés participent à l'envahissement de notre univers par les ordures ou, si ces couches-culottes sont brûlées, à la pollution de l'atmosphère.

Si les industriels avaient consenti à investir davantage dans la non-libération des polluants, l'humanité ne serait pas dans la situation critique où, à cet égard, elle se trouve. *Si* les consommateurs ne gaspillaient pas comme on les a habitués à le faire, les problèmes de pollution seraient secondaires. *Si*, d'autre part, les industriels investissaient davantage pour éliminer leurs résidus de fabrication de façon aussi complète et aussi peu polluante que possible; *si* les consommateurs en faisaient autant pour leurs résidus de consommation; *si* les agriculteurs pensaient à ne pas polluer comme ils le font, avec leurs excès d'engrais, de pesticides et de lisiers; autrement dit *si* les uns et les autres consentaient à investir dans la minimisation de la quantité des déchets qu'ils génèrent; *si* par civisme d'abord, par sens de l'économie ensuite, ils acceptaient de faire ce qu'il conviendrait de faire, les problèmes déplaisants de l'accumulation des déchets qui se posent aujourd'hui seraient, eux aussi, secondaires.

Mais notre société du gaspillage délibéré, malgré l'acuité que ces problèmes ont atteinte et malgré l'urgence qu'il y a à les résoudre, n'a pas encore admis la nécessité de réduire *à tout prix* pollutions et déchets. Elle va cependant se trouver dans l'obligation de le faire et à prix sans cesse plus élevés à mesure que le temps passe, car la situation va devenir explosive. Lorsqu'on le fera enfin, tout le monde en bénéficiera, du citoyen quelconque à l'industriel et à ses financiers, car il est moins coûteux d'investir dans la prévention que dans les tentatives de guérison.

C'est aussi vrai pour l'industrie que pour la médecine, pour la consommation des biens que pour les incendies de forêt... Mais, avant d'entrevoir les rivages de cet éden, plus accessible que les esprits chagrins ne le pensent, nous nous trouvons dans l'obligation préalable de débarrasser la planète – donc, en ce qui nous concerne, notre pays, notre région, notre commune – des monstrueux épandages de détritus de toute nature que le siècle a engendrés et engendre toujours plus. Et cela *à tout prix.*

Il y faudra de la volonté, de l'imagination, parfois du courage, toujours de l'argent. Car il faut aujourd'hui en dépenser beaucoup pour réparer les maux qui résultent des sottes politiques passées du profit maximal à termes immédiats : les bénéfices abusifs ainsi amassés ont conduit aux coûts, nouveaux, que représente l'élimination de ces maux engendrés par des rapacités à courte vue. Il faudra donc que notre société tout entière se résigne à ces dépenses. Mais il faudra également trouver comment, techniquement et économiquement, se débarrasser des déchets existants et de ceux qui sans arrêt continuent d'affluer. S'en débarrasser sans polluer davantage ni l'air ni l'eau, indispensables à la vie, s'en débarrasser sans tuer les sols, s'en débarrasser sans détruire les paysages plus qu'on ne l'a fait jusqu'ici, s'en débarrasser dans des conditions économiques acceptables.

Toutes origines confondues – ménagère, urbaine, industrielle, agricole, hospitalière – les déchets peuvent être subdivisés en deux grandes catégories (décidément, le binaire, peut-être par son manichéisme, me plaît!) : ceux qui sont toxiques et ceux qui ne le sont pas. Parmi ces derniers, il en est d'ailleurs dont le traitement d'élimination, telles l'incinération ou la pyrolyse, peut donner des sous-produits toxiques.

Cette question de toxicité et la sous-question de la durée de cette dernière doivent évidemment présider au choix des procédés de destruction. Et les types de toxicité sont nombreux, qui vont du simple poison – cyanures, arsenic, mercure entre tant d'autres – aux déchets radioactifs en passant par les chaînes alimentaires qui conduisent d'une concentration insignifiante au franchissement de seuils redoutables provoquant la mort, voire, plus grave, les dégénérescences héréditaires : souvenez-vous du mercure de Minamata, au Japon...

Une autre bifurcation binaire donne, elle aussi, deux catégories importantes de déchets : biodégradables ou non. Et ainsi de suite : combustibles ou non, solubles ou non, etc.

Ce problème des déchets, je ne l'affronte vraiment que depuis relativement peu de temps, depuis que j'ai accepté de m'occuper de la prévention des catastrophes dans le département de l'Isère d'abord, dans la région Rhône-Alpes ensuite. Avant cela, lorsque j'assumais de 1981 à 1986 le même type de responsabilité mais à l'échelle de la nation, je n'avais pas songé à inclure ces questions dans mon programme et personne ne m'avait suggéré de le faire : ni ma hiérarchie directe – Premier ministre ou président de la République – ni mes collègues – ministres de l'Environnement, de l'Aménagement du territoire, de l'Agriculture, de l'Industrie, de la Santé, des Finances... – ni mes conseillers – directeur de cabinet, délégué aux risques majeurs, chargés de mission, etc.

Je plaide donc coupable. Mais pour ma défense j'invoque le fait que, face aux désastres brutaux, spectaculaires et souvent lourdement meurtriers qui m'occupaient l'esprit – tremblements de terre, explosions d'usines ou de stocks d'hydrocarbures, inondations d'envergure, lâchers de gaz toxiques, glissements de terrain, que sais-je encore – je ne considérais les ordures que comme une nuisance de rang secondaire, en partie parce qu'elles me dégoûtaient, surtout parce qu'elles ne tuaient pas les gens et ne détruisaient pas l'infrastructure économique.

Il m'aura fallu une demi-douzaine d'années de réflexion complémentaire pour donner à la pollution en général et aux déchets en particulier une priorité qui étonne certains.

Aussi, depuis quelque temps, je me familiarise davantage avec les ordures. Il est des activités plus plaisantes. Mais de même que je m'étais mobilisé de 1960 à 1981 pour jouer les Cassandre à propos de l'énormité du risque sismique en France, de même que depuis 1981 je m'efforce de faire admettre l'impossibilité de lutter efficacement contre les incendies de forêt autrement que par la prévention, de même, puisque la conviction m'en est venue, me faut-il participer à la recherche des solutions à apporter, le plus tôt possible, aux problèmes des déchets.

Dix années durant, j'avais exercé dans mon village de la Drôme les fonctions de maire et la question des ordures et de la décharge publique municipale m'avait alors assez soucié pour que je l'étudie à l'échelle du canton afin de trouver une solution plus rationnelle, plus économique et plus respectueuse du paysage et de la qualité de la vie que ces répugnantes « décharges » qui caractérisent la France. Décharges prétendument contrôlées (par qui ? comment ?) et décharges que l'on appelle sauvages (bien beau mot pour un bien écœurant état de choses).

Deux agences nationales m'avaient à l'époque apporté leur concours, celle de la récupération et de l'élimination des déchets et celle de la maîtrise de l'énergie. Pourquoi la maîtrise de l'énergie ? Parce que l'incinération des déchets combustibles, qu'ils soient d'origine ménagère, industrielle ou agricole, dégage des calories récupérables pour le chauffage industriel, agricole ou urbain. D'autre part la fermentation de certains déchets engendre des gaz qui, étant combustibles, sont énergétiques. En particulier du méthane, le même que le gaz des marais qui alimente les feux follets, ou le gaz du charbon, le trop célèbre grisou qui, en certaines circonstances, explose.

Faute de moyens financiers, mon village étant classé « pauvre » et le canton ne m'ayant pas emboîté le pas non plus que le département, il me fallut renoncer à faire construire l'usine de traitement des ordures dont j'avais rêvé.

J'ignore comment est financé, dans d'autres pays, le budget des communes. Mais je sais qu'en France ce financement ne répond nullement à notre célèbre devise nationale, puisque l'égalité en est délibérément exclue. Au contraire, plus une ville est riche et plus elle bénéficie de subventions départementales, régionales, nationales, voire européennes. Par ailleurs une municipalité qui a la fortune d'abriter sur son territoire une centrale nucléaire ou une usine hydroélectrique touche automatiquement une rente très appréciable, payée par tous les citoyens du pays qui consomment de l'électricité, alors que la municipalité voisine ne profite que du plaisir esthétique que donne la contemplation de la centrale ou la vue des lignes à très haute tension. C'est le cas de mon village, dont la pauvreté résulte du fait qu'il n'y a pas d'industrie sur son territoire et que l'agriculture, en France, n'enrichit pas les communes. Nous continuons donc à déverser nos ordures hebdomadaires dans ce dépotoir scandaleux appelé décharge contrôlée.

J'avais un peu oublié ce genre de préoccupations lorsque, appelé à m'occuper d'un possible mieux-être des Isérois et plus particulièrement des habitants de mon « ygrec » de Grenoble, je les retrouvai à une échelle autrement importante que dans mon village mais avec la certitude d'obtenir les moyens financiers nécessaires à toute solution acceptable. Entre-temps pyrolyse, incinération, fermentation, biodégradation, photodégradation, réemploi, recyclage des déchets, toutes ces techniques avaient progressé. Pas assez cependant pour permettre des choix qui ne soient pas cornéliens : chaque méthode possède des avantages et tout autant d'inconvénients...

Je ne m'occupe pas seulement, loin de là même, de cette difficile question des déchets, mais j'y consacre néanmoins beaucoup plus de temps que mes goûts ne m'y pousseraient. Pourtant, en près d'une année, je n'en suis même pas à pouvoir présenter à mes collègues du conseil municipal non plus qu'à ceux du conseil général un seul projet qui me satisfasse assez pour que je me batte pour lui. Qui me satisfasse en ce qui regarde l'efficacité pour l'élimination des déchets, les possibilités de récupérer soit de l'énergie, soit de la matière première, les coûts partiels et totaux des diverses opérations impliquées, la pollution inévitablement associée à ces opérations, fumées, gaz, effluents liquides, résidus solides, bruits, odeurs...

Il n'existe pas encore de solution idéale. Il n'en est même pas qui soient tellement supérieures aux autres que l'on s'y rallie d'enthousiasme. Il y a toujours discussion, avec soi-même autant qu'avec les autres. Cela peut surprendre ceux qui ont vu en direct des hommes marcher sur la Lune ou une lune de Saturne faire très spectaculairement éruption, ou une lune de Neptune apparaître sur le petit écran... Ce paradoxe résulte tout simplement de la différence des budgets : même celui d'une grande ville ne peut rivaliser avec ceux des puissants intérêts liés à la « haute » politique et à la stratégie des armes modernes, dont relèvent les programmes spatiaux.

En ce dernier demi-siècle, l'industrie s'est développée de façon exponentielle, permettant d'aller se promener dans l'espace et de profiter des découvertes, des inventions et des facilités de tous ordres qui, pour le bien comme pour le mal, ont transformé la vie quotidienne. Mais, ce faisant, nous avons accumulé les déchets en quantités sans cesse accrues. Sans nous préoccuper, ou guère, en tout cas sans le sérieux que cette question aurait exigé, des déchets que les industries produisent et moins encore de ceux que produisent à leur tour les consommateurs de ces produits industriels. D'où les milliards de tonnes de saletés de toute espèce accumulées, depuis la Seconde Guerre mondiale, sur le territoire de la France – et de tous les pays du monde. D'où les difficultés que rencontrent tous ceux qui s'efforcent, leurs fonctions les y obligeant, à résoudre ce malodorant problème. Ces difficultés resteront insurmontables aussi longtemps que les pollueurs ne seront pas obligés de payer la dépollution qu'ils ont rendue nécessaire. Nommés ou élus, les responsables pataugent là-dedans en quête de réponses acceptables et se trouvent – j'en sais quelque chose! – coincés entre l'urgence d'agir et l'inexistence, à ce jour, de techniques satisfaisant aux exigences diverses de l'économie et de l'écologie...

Chapitre 17

Des ordures et des hommes

Toute solution vraiment rationnelle du complexe problème de l'élimination des déchets doit inclure *tous* les déchets : ceux que l'on a accumulés depuis un siècle, ce peu ragoûtant patrimoine d'ordures héritées, comme ceux dont la production se poursuit, de façon continue et accélérée. Il faudra, selon les situations locales, décider de la préséance à accorder à l'une ou l'autre de ces deux grandes catégories. Cela se fera, comme toujours, en fonction des urgences, des nuisances, des budgets disponibles, des situations politiques, des sensibilités diverses, des rumeurs... Ce ne sera guère aisé.

Une fois que sera choisie la technique d'élimination, ou plutôt les techniques au pluriel qui détermineront tout le reste, il s'agira de spécifier les moyens d'assurer de façon écologiquement et économiquement acceptable la série des opérations successives nécessaires : tri préalable, collecte sélective, transport rationnel, deuxième tri répartissant la marchandise en catégories spécifiques et envoyant chacune d'elles vers son usine ou son atelier de traitement : recyclage, incinération, broyage, pyrolyse, fermentation aérobie ou anaérobie, stockage ou dispersion finale...

La France produit actuellement près de 600 millions de tonnes de déchets chaque année, dont les deux tiers sont organiques, plus du quart d'origine industrielle, et le reste d'origine ménagère. Les déchets organiques, de loin les plus abondants, sont en majeure partie d'origine agricole, directe ou indirecte : déjections d'élevages en batterie, porcs et volailles surtout, déchets de l'industrie du bois, pailles, rafles, résidus de cultures, sang des abattoirs, restes des restaurants et des industries agro-alimentaires, etc.

Les déchets industriels (autres que l'agro-alimentaire) sont aussi divers que sont diverses les industries et vont des métaux, ferreux ou non ferreux, encombrants ou non, aux plastiques de toute espèce en passant par la chimie, la papeterie, le textile, le pneu, le verre, les huiles, les détergents, le ciment et mille autres produits. Pour chaque matière fabriquée il faut éliminer d'abord les déchets de fabrication, ensuite ceux de la consommation, sans oublier, car leur importance croît sans cesse, les déchets provenant du transport de ces produits. Cela va des emballages – devenus depuis les années cinquante une industrie du gaspillage organisé – aux pneus usagés des poids lourds routiers en passant par les huiles de graissage de ces mêmes véhicules. Entre autres.

Je ne sais où classer les millions de mètres cubes des boues provenant de l'épuration des eaux polluées qui représentent, une fois l'eau évaporée, environ un million de tonnes annuelles de matières sèches dont il convient de disposer le mieux possible : ce sont des déchets mélangés provenant de l'agriculture, de l'industrie et des ménages.

Quant aux ordures ménagères, qui ne représentent qu'entre 2 et 4 % du total, elles pèsent néanmoins lourd sur le citoyen français, d'abord de leurs 20 millions de tonnes, ensuite parce que le moindre bourg, le moindre hameau, la moindre maison isolée même, se trouvent désormais directement concernés.

Il y a quarante ans les Français en général (comme tous les êtres humains) et les habitants des campagnes en particulier n'avaient guère, voire très souvent pas du tout, à se préoccuper de leurs ordures : il y en avait fort peu et elles étaient presque toutes biodégradables. Aujourd'hui, ils sont de plus en plus empoisonnés par leur accumulation, engendrée par la société de consommation et de gaspillage délibéré, entre autres par la surabondance de matières plastiques quasi indestructibles. Naguère, les récipients, bouteilles notamment, étaient consignés et récupérés : ce n'étaient pas des déchets; aujourd'hui, plastiques obligent, ce type de déchets nous infeste. Naguère, les emballages étaient réduits au nécessaire; aujourd'hui l'inflation des emballages inutiles nous inonde jusqu'à l'écœurement. Naguère, ces emballages étaient essentiellement de papier, de carton, de métal ou de bois, donc soit réutilisables, soit recyclables; aujourd'hui, du PVC aux polyéthylènes, ce sont des déchets non biodégradables, par millions de mètres cubes chaque année. Naguère, voitures, vélos, appareils ménagers, outils étaient construits le mieux possible, faits de matériaux aussi solides que possible, afin que tout dure le plus longtemps possible; aujourd'hui, consommation effrénée et gaspillage organisé y poussant, l'art consiste à fabriquer une camelote que l'usager sera très vite obligé de remplacer, jetant donc à la casse, autrement dit aux ordures, ce qui était neuf peu auparavant. D'où l'incroyable encombrement de nos célèbres « décharges ».

A la diversité des déchets, le plus souvent mélangés et difficiles à trier, se superpose la diversité des techniques supposées les éliminer de la façon la moins polluante et à des coûts acceptables. L'acceptabilité d'un prix est une donnée moins objective encore que la classification des risques. En plus d'arguments assez aisés à chiffrer, tels volume, poids, coût du transport, frais du traitement y compris l'amortissement des installations, intervient en effet la notion de nuisance, plus celle du profit. Lesquelles varient à l'extrême d'un individu à l'autre selon son caractère, son intérêt ou son indifférence pour l'environnement, le degré de ses propres égoïsmes, celui de ses propres interdits ou celui des interdits que sa profession ou sa fonction lui ordonnent de défendre. La notion de nuisance varie aussi, chez une même personne, selon qu'elle vit ou qu'elle travaille loin de ladite nuisance ou dans sa proximité plus ou moins immédiate.

Intervient aussi la place que la municipalité, dans sa propre échelle des priorités, accorde au problème des déchets. Et c'est pourquoi les ordures ménagères et même les déchets agricoles sont en général acceptés sans trop de difficultés par la population et par les autorités locales, chacune sachant qu'il s'agit essentiellement de ses « propres » rejets, mais aussi parce que ces déchets ne sont pas exagérément toxiques, même si le mercure des piles électriques usées, le plomb, les pesticides, détergents, lessives et autres produits chimiques s'y trouvent désormais en quantités de plus en plus abondantes.

Par contre, les déchets industriels, surtout lorsqu'ils sont, d'une façon ou d'une autre, toxiques ou réputés tels, sont rejetés par tous, même lorsque sont garanties, à tort ou à raison, toutes les mesures de sécurité. Chacun convient qu'il faut se débarrasser de ces sous-produits redoutables, déchets nucléaires en premier. Mais pas chez lui, chez un autre : autre commune, autre région, autre pays, autre continent. Le souci de l'environnement et celui du bien public passent après les égocentrismes. Ce qui permet de bien juteuses affaires aux intermédiaires qui officient entre producteurs de déchets plus ou moins redoutables et pays-poubelles : la France sert ainsi de poubelle à l'Allemagne, entre autres, pour certains déchets, mais l'Allemagne accueille dans ses mines de sel désaffectées certains déchets français. Le tout à grands coups de dollars dont, comme toujours, consommateurs et contribuables sont les pourvoyeurs.

Tant que cela se passe entre nous, je veux dire entre producteurs de déchets industriels, le mal est certain mais il demeure confiné à ses fauteurs. Il n'en est plus de même lorsque les pays industrialisés s'en débarrassent – ou cherchent à s'en débarrasser – sur les pays en développement que la misère, c'est-à-dire la faiblesse, met dans la quasi-impossibilité de se défendre contre cette agression des nations riches. Lesquelles, parce qu'elles sont riches, se permettent de tout acheter, y compris le droit – quel beau vocable, le droit... – de polluer le tiers monde de leurs résidus empoisonnés. Tiers monde que l'on transforme en poubelle, comme on l'a trop longtemps fait des fleuves et des mers, que désormais le pouvoir nouveau-né des Verts et la crainte nouveau-née des nantis s'efforcent de mettre à l'abri : « nos » fleuves et « nos » mers doivent servir à nos sacro-saints loisirs. Alors que l'Afrique noire ou les pays pauvres qui entourent le Pacifique...

Il sera, espérons-le, de moins en moins facile dans l'avenir de déverser dans les fleuves et dans les océans les dizaines de millions de tonnes de déchets industriels toxiques, sans parler des ordures urbaines, que le monde produit chaque année. Espérons-le mais ne nous berçons pas plus d'illusions à ce propos qu'à celui de nos innombrables décharges sauvages pour ordures ménagères et urbaines : beaucoup de textes, beaucoup d'interdictions verbales, beaucoup de discours et toujours autant d'amoncellements répugnants. Il en sera de même en ce qui regarde la non-poubellisation des pays en développement : réunions « au plus haut niveau », « sommets », conférences patronnées par les organisations supranationales, discours pieux, décisions plus pieuses encore, traités, signatures, le tout aussi médiatisé que possible, le tout contribuant aux bonnes consciences autant qu'aux bonnes affaires, celles de l'hôtellerie de luxe, des restaurants fins, des compagnies aériennes chargées de traiter avec tous les égards qui leurs sont dus (vraiment dus... ?) ces chefs d'État, ces ministres, ces diplomates, ces conseillers. Quant aux effets réels... Voyez la CNUED et Rio...

Fort diverses, les techniques que l'on utilise pour éliminer les déchets présentent, toutes, des inconvénients et ce sont évidemment eux qui rendent les choix difficiles. Pour des raisons d'économie, de souci paysager, de facilités de transport, on souhaite adopter des procédés – fatalement divers puisque certains déchets sont combustibles, d'autres pas, certains sont pyrolysables, certains sont fermentescibles, etc. – qui puissent coexister dans une même usine. Les diverses solutions que je connais, chacune avec ses avantages spécifiques, présentent toutes des inconvénients tels qu'ils inhibent peu ou prou les enthousiasmes que leurs thuriféraires réussissent parfois à faire naître dans l'esprit du client potentiel...

Ce n'est guère ici le lieu où décrire méthodes ou techniques : non seulement elles sont trop nombreuses mais il s'en engendre de nouvelles à mesure que croissent – et ils croissent vite – les besoins d'élimination. Simplement je voudrais dire que, quel que soit le mode de cette élimination, il présente des côtés négatifs. Ainsi, par exemple, l'incinération : incinérer signifiant réduire en cendres et en gaz, l'opération implique une source de chaleur pour transformer les déchets. Celle-ci est fournie par un combustible, fuel, charbon, gaz, électricité, voire bois ou même, ce qui est fort attirant du point de vue de l'élimination, déchets combustibles et exothermiques : sauf l'électricité, tous polluent l'atmosphère, les uns plus, les autres moins : CO_2, CO, SO_2, NO_x... D'autre part, les déchets que l'on calcine donnent des cendres, lesquelles sont (sauf exceptions tels certains métaux toxiques, ou radioactives) inertes et inoffensives, mais donnent aussi des gaz dont la nature dépend des matériaux incinérés, gaz qui parfois polluent l'atmosphère de façon plus nocive encore que les combustibles utilisés dans le four : ainsi les matières plastiques chlorées ou fluorées désormais omniprésentes dans quasiment toutes les ordures.

Depuis quelques années les industriels s'efforcent de mettre au point des techniques qui permettent de contrôler la production de ces gaz nocifs. Il y a quelques semaines, nous sommes allés à Marseille visiter un type nouveau de four, qui réussit à brûler le charbon riche en soufre du gisement de Gardanne, dans les Bouches-du-Rhône, sans cependant émettre de SO_2. Le principe est des plus simples : avant de libérer les gaz dans l'atmosphère, on neutralise le dioxyde de soufre que produit la combustion de ce charbon par l'adjonction de calcaire broyé ($Ca\ CO_3$). La réalisation est nettement moins simple que le principe et demande des réglages pointus que seules permettent la technologie moderne, la cybernétique et l'informatique. D'où les côtés pervers du système : son coût et la relative fragilité qui caractérise toute technique sophistiquée.

J'ai visité d'autres usines d'élimination des ordures et toutes m'ont permis d'admirer ce qui y marche bien et d'être désolé de devoir constater ce qui n'y marche guère : qu'il s'agisse du triage et de la séparation des déchets mélangés, du broyage et de la pollution sonore qui y est associée, des divers types de fermentation des matières organiques et des mauvaises odeurs qui les accompagnent, les problèmes sont multiples et pas toujours résolus comme il serait souhaitable qu'ils le soient, c'est-à-dire sans nuisances gigognes (pollution, bruit, puanteur) et sans que les coûts, d'achat, d'entretien, de fonctionnement, soient prohibitifs.

Finalement, ce sera, assez paradoxalement, ce côté économique qui va peut-être permettre de résoudre le peu plaisant problème des déchets : celui-ci a en effet atteint un tel degré de gravité et d'urgence qu'il en est devenu politique, donc électoral, c'est-à-dire mobilisateur de capitaux. Et quand il y a de l'argent à gagner, bien des problèmes trouvent leur solution. Même si celle-ci n'est pas forcément excellente.

Les succès électoraux des Verts, plus qu'aux questions d'environnement posées par les usines, sont dus aux soucis causés par l'élimination des déchets, industriels certes, surtout ceux du nucléaire et de la chimie, mais aussi urbains et agricoles. Et ces succès électoraux auront des effets bénéfiques parmi lesquels je placerais au premier rang celui d'obliger les responsables gouvernementaux à légiférer enfin à ce sujet un peu plus sérieusement que par le passé et à amener les pollueurs, que ces craintes nouvelles soucient d'ailleurs de plus en plus, à chercher comment polluer moins.

Deux puissances d'argent – État et industrie – se sont ainsi mises à investir dans la non-pollution et dans l'élimination des déchets. Les administrations locales, de leur côté, ont tantôt lancé, tantôt suivi l'effort de financement pour mieux éliminer les ordures. Le mouvement s'étend et, les affaires promettant de devenir très juteuses en ce domaine, des entreprises se sont les unes spécialisées et d'autres créées pour développer la recherche de méthodes plus efficaces et la fabrication industrielle, donc économiquement plus rentable, de procédés d'élimination satisfaisants : on s'y est mis très tard certes, mais pas trop tard cependant. L'intérêt de tous et les intérêts de quelques-uns pour une fois semblent converger et permettent d'espérer que nous ne finirons pas ensevelis sous les ordures.

Chapitre 18

De leurs alarmismes et de nos espérances

Débattre des menaces qui pèseraient sur la couche à ozone ou de celles que représenterait l'effet de serre, condamner les PCB ou les CFC est certes plus aristocratique que s'appesantir sur les ordures, excréments spécifiques de notre exemplaire société de consommation. Si je viens de consacrer deux chapitres à ce sujet malodorant, c'est parce que ce type de pollution est plus redoutable que d'aucuns ne le pensent, et immédiat dans le temps et dans l'espace : les ordures et les déchets nous agressent de façon autrement grave et certaine que ne le font les CFC en attaquant cet ozone stratosphérique qui se reconstitue à mesure qu'on le détruit, et que ne le fera jamais un imaginaire effet de serre anthropogénique.

Les déchets, qu'avec les pollutions, toutes les pollutions, avec les risques industriels, avec les catastrophes naturelles, je place au premier rang des nuisances à prendre sérieusement en considération, devraient bénéficier d'un concours financier moins dérisoire. L'État dépense des milliards en des combats aussi douteux qu'essayer d'éteindre les inextinguibles incendies de forêt, ou de rechercher les relations de cause à effet supposées exister entre teneur de l'atmosphère en gaz carbonique et fonte des calottes glaciaires. Ces sommes pourraient être mieux utilisées.

Question d'importance majeure que celle des crédits non négligeables affectés à des programmes dont le bien-fondé est pour le moins discutable. L'argent consacré à de telles études et à de telles actions est perdu pour les études et pour les actions qu'exigent les menaces réelles. En outre, combattre des leurres détourne de ces menaces réelles l'attention que les responsables devraient leur porter mais que, pour des raisons diverses, parfois inavouables, toujours inavouées, ils ne leur accordent pas.

Une interview de Guy Ourisson, ancien élève de Normale Supérieure, professeur de chimie à l'université de Strasbourg, directeur de l'Institut de chimie des substances naturelles du CNRS, membre de l'Académie des sciences, publiée dans *Le Figaro* du 12 août 1989, est venu me conforter dans mes certitudes. Ainsi à propos de Seveso, « qui a toujours été cité comme une catastrophe, écrit-il, le bilan en vies humaines est [...] nul; il y a bien eu des problèmes d'éruption cutanée pour la population locale, mais personne n'a été mis en danger. Si l'on appelle ça une catastrophe, je ne sais plus ce que ça veut dire ».

D'autre part, à propos du pyralène et de l'étourderie de certains législateurs, le professeur Ourisson écrit : « Quand les conséquences d'une décision ne sont pas certaines, elle devrait être davantage discutée. L'exemple le plus caricatural d'une précipitation inutile est le dossier pyralène. L'interdiction du pyralène résulte d'analyses fausses interprétées hâtivement »...

La fausseté des analyses relatives aux dioxines et aux furannes émises par du pyralène porté à température suffisante résulte-t-elle de simples erreurs ou de faux délibérés ? L'erreur est excusable, le mensonge (scientifique) constitue le crime scientifique majeur. Or le faux scientifique se rencontre plus souvent que les non-scientifiques ne l'imaginent, motivé par les prétextes divers, rarement avouables, jamais avoués : rappelez-vous les analyses falsifiées par un professeur d'université, directeur d'institut de physique du globe, lors de l'éruption du volcan de la Soufrière, en 1976....

Le professeur Ourisson poursuit : « Dans ce cadre, je crois que le moins que l'on puisse faire est de ne jamais se précipiter à légiférer. Si une décision ne peut avoir que des effets positifs, elle doit être prise : des mesures de lutte contre le gaspillage ne seront jamais nuisibles. Mais si les conséquences d'une décision sont incertaines, qu'il s'agisse ou non de protéger l'environnement, nous avons tout intérêt à réfléchir avant de faire des lois sur les pots catalytiques et l'essence sans plomb, la protection de la couche d'ozone ou les lessives avec ou sans phosphates. »

Opinions des plus nettes, formulées par un scientifique hautement compétent, qui rejoignent celles auxquelles, par un itinéraire tout à fait différent, je suis moi-même parvenu. Opinions identiques en ce qui concerne les dioxines, les furannes, le pyralène depuis 1984, lorsque mes propres réflexions tout d'abord, l'opinion de

Robert Andurand ensuite m'eurent ouvert les yeux sur l'incroyable mystification née d'analyses fausses – termes du professeur Ourisson – et de la fringale incontrôlée des médias pour ce qu'ils appellent le « sensationnel ». L'Académie des sciences, dans ses comptes rendus, série générale, tome 5, n° 1, p. 31 à 38, confirme que « les PCB ou pyralènes » ne sont pas toxiques et regrette tant leur élimination que leur remplacement par des produits dont le comportement au vieillissement, à la pyrolyse et à la combustion – et par conséquent la toxicité – sont mal connus. Cette opération serait « hasardeuse et risquerait de conduire à des conséquences graves ».

Guy Ourisson me comble aussi lorsqu'il déclare : « Nous avons tout intérêt à réfléchir avant de faire des lois sur la couche d'ozone. » Que les conclusions d'un chimiste de très haut niveau rejoignent celles d'un naturaliste à la recherche de la vérité devrait faire réfléchir. Devrait rappeler que le simple bon sens peut suffire à ne pas prendre des vessies pour des lanternes. Devrait faire ouvrir les yeux de ceux qui gouvernent et qui, sur le simple conseil d'un quelconque savant ambitieux mais ignorant l'éthique, décident de prendre des mesures ou décident de ne pas en prendre, décident d'investir des sommes énormes dans des projets qui pourraient rappeler les « avions renifleurs », décident ainsi de soustraire ces moyens à des recherches réellement utiles.

Nous savons tous que la Terre ne s'arrêtera pas de tourner mais beaucoup trop d'entre nous, mal informés, y compris dans les sphères les plus hautes du pouvoir, de l'Administration et de l'université, redoutent de peu redoutables menaces. Mais par contre ignorent ou au moins sous-estiment et du même fait négligent les menaces graves de la pollution, sans parler de celles, relativement éphémères mais que leur répétitivité rend particulièrement redoutables, des désastres, tant naturels que pas naturels du tout, qu'officiellement on a baptisés « risques majeurs ». Entre un gros risque et un « risque majeur », autrement dit une catastrophe, la différence n'est pas de grandeur mais de nature. Et leur menace doit être prise en compte par les gouvernements de façon autrement sérieuse qu'ils ne le font.

Spécialiste depuis des décennies de certains de ces « risques majeurs », sachant de quoi je parle et combien cela m'engage, j'affirme une fois de plus que les pires de ces catastrophes ce ne sont ni les séismes destructeurs, ni les éruptions colossales, ni les inondations immenses, ni les Bhopal, ni les Tchernobyl, mais, peut-être, les manipulations génétiques et, à coup sûr, les pollutions, toutes les pollutions. A commencer par celle des esprits.

La Terre ne va pas cesser de tourner, mais l'optimisme béat n'est cependant pas de mise. Ces « peurs de l'an 2000 » que je dénonce parce qu'elles sont soit imaginaires – pyralène, effet de serre anthropogénique – soit, pour le moins, exagérément exagérées – pseudo-destruction de la couche à ozone, industrie nucléaire –, ces peurs me semblent n'être donc que des leurres destinés à détourner l'attention des menaces réelles et immédiates que représentent, entre autres, les pollutions. A détourner peut-être aussi l'attention de certains dangers potentiels nouveaux, effrayants à l'extrême, ceux qui pourraient résulter de manipulations génétiques mal contrôlées, voire contrôlées pour faire le mal. Je ne possède pratiquement aucune compétence en ce domaine mais le peu que j'en sache me porte, malgré mon allergie personnelle au catastrophisme, à le considérer comme incomparablement plus redoutable que ne l'est – par ses virtualités militaires surtout mais aussi par le problème non résolu encore de ses déchets – le risque nucléaire. Robert Andurand a écrit à ce propos des pages qui donnent à réfléchir. A réfléchir d'autant plus sérieusement qu'est sérieux et compétent ce spécialiste en matière de risques technologiques majeurs.

« Le terme " risque technologique majeur " devrait en fait être réservé à des risques d'une ampleur inconnue jusqu'à ces derniers temps, risques tels que des villes entières, de vastes régions peuvent être concernées, des populations entières être atteintes, non seulement dans leur vie mais dans leur descendance. A un point tel qu'au moment où l'accident survient, la catastrophe ne fait que commencer... »

Dans cette terrifiante catégorie, Andurand range certaines pollutions des eaux – ainsi par le mercure : catastrophe de Minamata –, certaines intoxications médicamenteuses – comme celle due à la thalidomide – et les catastrophes imaginables, et nullement imaginaires hélas! qui relèvent des biotechnologies, ainsi la transfusion de sang séropositif...

Alors que les techniques du nucléaire exigent des installations de grande envergure et que, hors l'utilisation d'armes de cette nature ou le stockage mal conçu de certains déchets, il ne peut, en ce domaine, survenir que des accidents (tel, fort grave certes, mais néanmoins accident seulement, celui de Tchernobyl), les biotechnologies permettent une véritable prolifération de manipulateurs génétiques. Ce qui signifie prolifération d'accidents d'envergure, allant jusqu'à la catastrophe. Ce qui signifie aussi possibilité d'agressions volontaires, aussi bien en temps de paix (le terrorisme) qu'en temps de guerre. Agressions aux conséquences difficiles à prévoir.

Pour répondre aux questions, souvent ardues, que leur propre civilisation pose aux hommes, pour arriver à sauver l'humanité il faut de la clairvoyance, de la rigueur, du savoir, du courage. Entre autres. Or tout cela existe, peu ou prou, même chez certains de ceux qui gouvernent les nations, à condition qu'ils sachent se garder de leurs éventuels « Lyssenko ». Tout cela existe mais, trop souvent, décadence oblige, n'existe qu'à l'état latent. Cependant, il serait aisé de permettre à ces qualités d'éclore, sinon sur-le-champ, en tout cas demain : en donnant aux générations qui vont nous succéder accès à ces joies subtiles que seuls connaissent les gens éduqués, celles de toujours respecter l'éthique.

Courage, honnêteté, rigueur, cela s'apprend. A condition de s'y prendre avant que ne soient enracinés dans le jeune individu les vices qui caractérisent et déterminent notre actuelle décadence. De nos jours on instruit certes fort bien les gosses. Mais on ne les éduque pas. Ni à la maison, ni à l'école, moins encore à la télévision. Si l'on se décidait à les éduquer vraiment, ce qui n'a rien de sorcier, on sauverait l'humanité des catastrophes qu'elle se fabrique.

De surcroît, ces gosses, qui auront retrouvé les joies que la rigueur procure, connaîtront cet énorme privilège : être heureux de vivre !

Commencé le 15 mai 1989
dans l'avion Moscou/Paris,
achevé le 28 août 1989
dans le TGV Valence/Paris.
Revu, corrigé et additionné
de la postface qui suit, en juillet 1992.

Chapitre 19

Postface

Je termine en juillet 1992 la révision et la mise à jour de ce qui fut la première édition de ce petit bouquin, paru en 1989. Juillet 1992, c'est-à-dire au lendemain de deux événements qui ont pas mal occupé les médias du monde entier, la conférence de Rio et l'Appel de Heidelberg. J'ai pris une part relativement active à chacun des deux : avec enthousiasme j'ai signé cet appel et, sans enthousiasme aucun, j'ai fait à deux reprises (en deux semaines) le voyage de Rio.

Ce n'est pas à ceux qui auront pris la peine de lire le présent ouvrage qu'il faut expliquer en quoi la *Conférence des Nations unies sur l'environnement et le développement* et l'*Appel de Heidelberg* importent en ce qui regarde la prévention des menaces majeures qui pèsent sur l'humanité. A ce propos, je me permettrai d'insister sur le fait – et c'est un vieil amoureux de la nature qui parle ici – que ce qui compte en tout premier lieu c'est le sort de l'humanité. Non celui de la nature : il nous faut protéger celle-ci afin de nous protéger, nous, contre la catastrophe que serait, pour nous, sa dégradation à elle. L'homme est, en ce qui concerne l'homme, la référence majeure. Le placer, en importance relative, derrière la nature relève d'une attitude qui s'apparente à divers paganismes, dont le national-socialisme hitlérien. Je sais que certains désormais s'en réclament de nouveau, mais pour un ancien « combattant de l'ombre » (et même de la pleine lumière), antinazi actif armes en mains de 1939 à 1944, cette attitude relève, objectivement (comparez les faits) et sans manichéisme, du mal, sinon absolu du moins poussé un peu loin.

Depuis le début des années soixante-dix, nous sommes entrés dans une ère que j'appellerais « environnementale ». L'environnement, en effet, a pris en ces vingt dernières années une importance sans cesse accrue, non seulement parce que sa dégradation va elle-même s'accélérant, mais aussi parce que les écologistes, qui crient au loup depuis l'après-Seconde Guerre mondiale, ont beaucoup contribué à la sensibilisation des médias et, à travers eux, de l'opinion publique (celle des pays riches uniquement ou quasiment). Précisément dans les pays riches, cette opinion est importante puisque, à des degrés assez divers, ces pays sont démocratiques. Ce qui signifie que l'opinion des électeurs influe, peu ou prou, sur les élus, lesquels, en principe du moins, sont des décideurs.

Les cris « au loup! » des écologistes ont donc eu des effets positifs en ce qui regarde la prise de conscience des politiques, mais les exagérations, les peurs irrationnelles et les alarmismes qui conditionnent ces cris ont, au contraire, nui tout à la fois à la simple vérité, à la réduction des menaces réelles et à une utilisation rationnelle des moyens financiers. Altérer la vérité est, toujours, condamnable. Retarder les mesures de minimisation des risques conduit à en faire croître les effets. Et gaspiller est criminel, en un monde sur lequel règne et s'étend la misère. Or, c'est de ces trois délits majeurs que procède la colossale campagne médiatique orchestrée autour de la *Conférence des Nations unies pour l'environnement et le développement.*

Cette dernière est l'aboutissement de près de vingt années d'un alarmisme délibéré et scientifiquement non démontré à propos du prétendu « réchauffement de la Terre » et d'une prétendue destruction de la « couche d'ozone », double irréalité qui se confirme à mesure que le temps passe et que se développe la contre-expertise. Cette campagne a succédé à deux autres qui avaient été menées contre des risques tout aussi imaginaires : d'une part celui que, prétendument toujours, aurait représenté, au travers de longues chaînes alimentaires, le DDT, cet insecticide exceptionnel qui entre autres bienfaits avait permis une éradication quasi totale de la malaria (paludisme) qui, vingt ans après l'interdiction injustifiée du DDT, tue à nouveau plus d'un million de personnes chaque année dans le monde et en infecte 160 autres millions ; et d'autre part la campagne qui a abouti à la mise hors la loi des PCB (pyralènes et autres dioxines) sur la base d'une prétendue catastrophe, celle de Seveso, laquelle, au contraire de tout ce qu'une propagande forcenée à l'échelle mondiale nous avait fait croire, n'avait pas fait une seule victime.

D'autre part, la prétention de cette conférence était ridicule, car aussi irréaliste qu'irréalisable : obtenir de quelque cent quatre-vingts chefs d'État, réunis (si l'on peut dire) à Rio, qu'ils décident des mesures à prendre pour préserver la biosphère, alors qu'aucun d'entre eux n'a réussi – pour autant qu'il l'ait tenté – à sauvegarder l'environnement dans son propre pays. Qui ne peut le moins...

La CNUED fut une très dispendieuse foire universelle de la vanité, où fleurirent les discours creux et les vœux plus ou moins pieux. De proposition sérieuse, de programme concret, nulle trace. Et je veux bien tenir le pari que la conférence de Rio ne sera pas plus suivie de résultats que ne le fut la conférence de Stockholm qui, vingt années plus tôt, l'avait précédée.

Le deuxième événement important en ce qui regarde l'environnement, ce fut l'*Appel de Heidelberg*. Signé, au départ par deux cent soixante-quatre scientifiques dignes d'estime, dont cinquante-deux prix Nobel, contresigné dès les deux semaines qui suivirent sa publication (1er juin 1992) par deux autres centaines de chercheurs, et adressé d'une part aux hauts responsables politiques du monde réunis à Rio et d'autre part à la communauté scientifique tout entière, cet appel, avec une vigueur dont n'est guère coutumier le microcosme de la science (pas plus que celui de la politique, celui de la justice, celui de l'université, celui de la médecine) dénonce certains des manquements à l'éthique de trop de collègues, dont certains, parfois, occupent des positions importantes. Cet appel demande que la morale soit respectée comme elle doit l'être, sous peine de voir la science entière mise en accusation voire condamnée. Cet appel attire l'attention sur diverses déviations de l'esprit scientifique dont une tendance, redoutable, à glisser du rationnel vers l'irrationnel et à user d'arguments pseudo-scientifiques ou de données fausses.

Que cette véritable autocritique de la science fût nécessaire et ait touché juste a été mis en évidence aussitôt par la fureur de certains, dont une bonne proportion de soi-disant chercheurs (il ne suffit pas d'être salarié, par le CNRS, par l'Université, par le CEA, par le Muséum par l'IFREMER ou par l'INSERM, entre autres, pour être chercheur authentique : un chercheur fait sérieusement de la recherche et, parfois, il trouve...). Par la fureur aussi de certains écologistes, ceux-là mêmes qui abusent de la confiance que la majeure partie des citoyens accordent à la science, en désinformant délibérément ces citoyens par l'utilisation de données truquées et d'arguments prétendument scientifiques.

Cette fureur, exprimée en une floraison d'articles dont l'argumentaire prêterait à sourire si cette guerre n'était d'importance aussi vitale. Cette guerre est celle du rationnel contre l'irrationnel, du vrai contre le faux, de la rigueur contre les malhonnêtetés que certains se permettent, de la science authentique contre la pseudo-science. Une pseudo-science dont les raisons vont de l'intérêt monnayé à la satisfaction des vanités diverses, honneurs inclus, caractéristique de la gent savante comme de toutes celles qui constituent la société humaine. Quant aux intérêts monnayés, ils vont du financement d'instituts ou de labos aux équipements scientifiques, des postes de chercheur aux « frais de mission » pour aller aux quatre coins du monde soit pour récolter des observations et des mesures, soit pour assister, en d'autres – et toujours agréables – coins du monde, aux colloques, conférences, tables rondes et congrès, cette forme de plus en plus développée du tourisme universitaire et, aussi, administratif, payé par les contribuables. Il est évident qu'une condamnation aussi claire, quoique exprimée en termes très mesurés et, à mon goût, trop courtois, que celle des signataires de l'*Appel de Heidelberg*, exacerbe la colère de ceux qui se sentent visés – quoique aucun nom n'eût été ni prononcé ni écrit.

Il est significatif que des campagnes d'alarmisme, menées à l'échelle du monde entier, soient depuis des lustres diffusées et rediffusées par les médias sans que jamais la parole ne soit accordée à des experts dont l'opinion est opposée à celle des catastrophistes. Ou, si par miracle elle l'est, ce n'est que pour quelques dizaines de secondes, une poignée de minutes au plus, minutes noyées dans les milliers d'heures de propagande destinée à engendrer la peur. Voyez des émissions TV telle que celle, récente (juillet 1992), sur l'effet de serre (FR 3), voyez le numéro spécial de la revue scientifique *La Recherche* de mars 1992, voyez tout ce qui s'imprime, tout ce qui se dit, tout ce qui se télévise, en France comme aux USA comme partout. D'où vient l'argent pour pareilles campagnes d'intoxication qui me rappellent les campagnes d'intox politique des totalitarismes d'il n'y a guère?...

Cette exploitation mensongère de la science est grave à l'extrême, ne serait-ce que par ses conséquences économiques. Mais aussi, mais surtout, par le pouvoir que donnent à certains gros intérêts ces manipulations d'une opinion publique fatalement et facilement abusée parce que scientifiquement non compétente, incapable donc de distinguer le vrai du faux. Notamment lorsque le faux est exprimé par des universitaires titrés et que les médias, depuis les revues dites scientifiques jusqu'à la télévision dite populaire, refusent aux défenseurs du vrai le droit de s'exprimer...

Comme l'humain moyen semble toujours prompt à s'effrayer, comme il semble même se complaire dans la peur (le succès le démontre, des histoires, des romans, des films terrifiants, succès qui remonte à l'Antiquité la plus haute et se vérifie toujours et partout...), comme l'irrationnel semble lui plaire mieux que son contraire, comme plus que jamais prolifèrent les mages et les gourous, les astrologues et les sectes, il était fatal que les peurs de l'an Mil qu'il y a mille ans les magiciens et les prophètes avaient suscitées se retrouvent à la veille de l'an 2000, amplifiées par les médias ultrasophistiqués. Les druides contemporains du « syndrome chinois » de la « couche d'ozone » ou de « l'effet de serre », aujourd'hui relaient les druides de jadis avec autant de bonne foi et avec des arguments aussi hautement « rationnels » que ceux qui permettent de vendre, à une opinion anesthésiée par l'omniprésente publicité, n'importe quelle hypothèse d'allure scientifique comme n'importe quelle lessive.

Il est d'ailleurs curieux que les menaces imaginaires fascinent incomparablement plus que ne le font les menaces réelles une humanité moyenne que la peur, très curieusement, attire. Il y a là matière à analyse pour les spécialistes de la psychologie, collective autant qu'individuelle. Le risque quotidien de fort loin le plus élevé, et nullement imaginaire, celui de la circulation automobile – 220 000 victimes, dont une douzaine de milliers de morts et plus de 200 000 blessés graves **chaque année** en France – laisse le bon public dans une indifférence qui serait admirable si elle reflétait un quelconque courage face au danger. Elle ne reflète, hélas! que son inconscience. Mais ce sont les mêmes qui sont terrorisés par un risque nucléaire pratiquement inexistant : plus de quarante années d'industrie nucléaire, tant civile que militaire, sans le moindre accident ni en France, ni aux USA, Grande-Bretagne, Allemagne ni Japon (Tchernobyl et les autres désastres nucléaires survenus dans les pays de l'Est relèvent de technologies conçues aussi mal en ce qui regarde la sûreté que l'environnement, et sont, en Occident, infiniment peu probables). Ce sont les mêmes qui, redoutant aujourd'hui comme jadis leurs ancêtres les Gaulois que le ciel leur tombe sur la tête, se laissent délicieusement terroriser par les « trous d'ozone » et par l'effet de serre qui nous exposeraient, les premiers aux rayons ultraviolets durs du soleil, l'autre à la montée du niveau des mers par dilatation de ces dernières et par fusion des glaciers engendrées, l'une et l'autre, par les rayons infrarouges de ce même soleil. Merveilleux frissons que ceux que déclenche le vernis scientifique!

Je terminerai par une preuve supplémentaire de la relativité fort particulière de la bonne foi des spécialistes de l'ozone stratosphérique, preuve qui vient de m'être communiquée.

J'ai, plus haut, attiré votre attention sur la curieuse honnêteté des scientifiques qui ont affirmé avoir découvert le trou d'ozone antarctique en 1984, alors qu'ils n'ignoraient nullement que Gordon Dobson l'avait détecté dès 1956-1957, lors de l'Année géophysique internationale : ne pas mentionner cela permettait de faire croire que le « trou » était un phénomène tout récent et, du même fait, en attribuer l'apparition aux CFC.

Un correspondant vient de me communiquer un article paru sous le titre *The annual variation of the amount of ozone over northern Norway*, dans la livraison de janvier-mars 1950 de la revue *Annales de géophysique*, tome 6, fascicule 1. L'auteur en est R. Penndorf, du Geophysical Research Directorate des Air Force Cambridge Research Laboratories, Cambridge, Massachusetts.

Cet article vous apprend quatre choses importantes au moins. La première est que les teneurs en ozone stratosphérique sont mesurées au-dessus de la Norvège septentrionale (Tromsø, 69° 39′ N.) depuis l'hiver 1926-1927 (résultats publiés dès 1944 par E. Toensberg et K. O. Olsen dans Geophysical Publication, vol. 13, n° 12).

La deuxième est la constatation de l'existence de « trou d'ozone » durant la nuit polaire. Le terme « trous » (*holes*) est imprimé en italique et entre guillemets dans cette publication de 1950.

La troisième est que, dès la fin de janvier, les proportions d'ozone croissent chaque année de « façon éruptive ».

La quatrième est que la courbe de la variation annuelle de l'ozone est systématique avec un maximum de 0,43 cm d'ozone en mars et un minimum de 0,05 cm d'ozone en décembre, c'est-à-dire des teneurs huit fois moindre au moment du solstice d'hiver.

Les CFC n'existaient pas, en 1926, mais bien les « trous d'ozone ». Que ces derniers n'aient pas les dimensions de celui de l'Antarctique est dû très probablement au fait que ce dernier est un continent caparaçonné d'une formidable calotte de glace alors que l'Arctique n'est qu'un océan recouvert de la mince pellicule glacée que l'on appelle la banquise, sous laquelle il y a 4 000 mètres d'épaisseur d'eau relativement tiède (de zéro à moins 4 degrés Celsius). L'Antarctique est, de ce fait, beaucoup plus dépourvu de calories que l'Arctique.

L'on dépense actuellement des centaines de millions pour aller mesurer l'ozone stratosphérique en Scandinavie et l'on en fait d'assez indigestes plats médiatiques, destinés à poursuivre la campagne d'intoxication des opinions publiques par la prétendue menace que représentent les mini-trous « découverts » en 1991-1992, pendant que, très soigneusement, d'une part l'on omet de mentionner le fait que ces « trous » avait été décelés dès la période 1926-1942 à Tromsø, d'autre part l'on empêche les scientifiques que ces contrevérités révoltent de parler, en direct et pour plus de quelques dizaines de secondes, à la télévision. Ni dans la presse qui se prétend scientifique. Ni dans les quotidiens, ni dans les périodiques qui se prétendent scientifiques. Le seul fait de ne pas dire la vérité, le seul fait de passer sous silence la connaissance que l'on avait depuis plus d'un demi-siècle que des « trous d'ozone » apparaissaient et disparaissaient aux hautes latitudes terrestres, ce seul fait non seulement discrédite les savants qui s'en rendent coupables, mais ôte toute crédibilité à leur hypothèse, celle de la nocivité des CFC. A qui profitent ces mensonges, que des scientifiques ont formulés et, soutenus par la quasi-unanimité des médias, ont fait passer pour des vérités dans l'opinion publique mondiale? Et qu'en est-il de l'éthique scientifique? La liberté de la presse, c'est un peu comme les droits de l'homme et du citoyen : excellents arguments électoraux, très allègrement oubliés dès les élections effectuées...

Bibliographie des articles et ouvrages cités

Robert Andurand, 1991, *Éléments de désastrologie chimique* (630 p.), Service de l'environnement industriel, ministère de l'Environnement.

André Berger, 1980, *Climatic variations and variabilities. Facts and Theories.* D. Reidel Publ. Cy (795 p.).

Maurice Bertrand, 1989, « Un plan mondial pour sauver la planète ? » *Le Monde diplomatique*, août 1989.

Christian Brodhag, 1989, " PCB, Livre Blanc ", *Commission Environnement des Verts.*

Claude Julien, 1989, « Nouveaux barons et tiers état », *Le Monde diplomatique,* août 1989.

Jacques Labeyrie, 1986, *L'Homme et le climat*, éditions Denoël, Paris.

Gérard Megie face à Haroun Tazieff, 1989, « CFC or not CFC ? Ces fous qui veulent SAUVER LA TERRE ». *Documents Observateur.*

Patrick Michaels, 1989, « The main " greenhouse " effect is panic », *The Washington Post.*

Rogelio Maduro & Ralph Schauerhammer, 1992, *Ozone, un trou pour rien*, traduction française, éditions Alcuin.

John F.B. Mitchell, 1989, « The " Greenhouse " effect and climate change », *Reviews of Geophysics Amer. Geoph. Union.*

C. Northcote Parkinson, 1983, *Les lois de Parkinson*, éditions Robert Laffont.

Guy Ourisson, 1989, « Chimie : un blason à redorer », *Le Figaro*, 12 août 1989.

Pierre de Senarclens, 1988, *La Crise des Nations unies,* PUF, Paris.

Table des matières

1. Des peurs de l'an 2000 7
2. De la priorité de ceci sur cela 17
3. Du pouvoir des politiques, du pouvoir de l'argent, du pouvoir de l'opinion 23
4. Des très inefficaces « machins » 33
5. Du sens civique 39
6. « Small is beautiful » 49
7. Des échelles de priorités 57
8. De la catastrophe imaginaire et de la notion d'expert 67
9. De la couche à ozone 77
10. Du prétendu effet de serre 91
11. Des gros et des maigres 105
12. De mes très arbitraires priorités 113
13. Des feux et des incendies de forêt 123
14. Des Verts et des sauveurs 129
15. Des incidents colossaux, des catastrophes pérennes 137
16. De nos chères ordures 149
17. Des ordures et des hommes 159
18. De leurs alarmismes et de nos espérances... 169
19. Postface 177

Bibliographie 189

Cet ouvrage a été réalisé
par la SOCIÉTÉ NOUVELLE FIRMIN-DIDOT
Mesnil-sur-l'Estrée
pour le compte des Éditions Seghers
en septembre 1992

Imprimé en France
Dépôt légal : septembre 1992
N° d'édition : 34296 – N° d'impression : 21685